▲ 彩图1　苗族图案

▲ 彩图2　黎锦图案

▲ 彩图3　西兰卡普

▲ 彩图4　西藏唐卡

▲ 彩图5　斑斓的点彩画图案

▲ 彩图6　以蓝色为主的图案

▲ 彩图7　以蓝色为主的图案在家纺上的应用效果

▲ 彩图8　高纯度图案

▲ 彩图9　高纯度图案在家纺上的应用效果

▲ 彩图10　高明度图案

▲ 彩图11　高明度图案在家纺上的应用效果

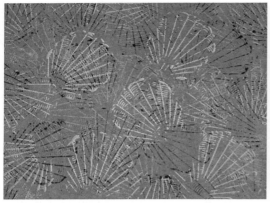

▲ 彩图12　暖色图案

▲ 彩图13　暖色图案在家纺上的应用效果

▲ 彩图14　六套色图案

▲ 彩图15　五套色图案

▲ 彩图16　红色热情、活泼、吉祥

▲ 彩图17　红加白温和甜蜜

▲ 彩图18　橙色激发兴奋与冲动

▲ 彩图19　橙加白温暖柔润

▲ 彩图20　橙加黑沉着安定

▲ 彩图21　橙加灰沉稳

▲ 彩图22　黄色明快活泼

▲ 彩图23　黄加白稚嫩可爱

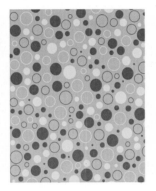
▲ 彩图24　黄绿色青春

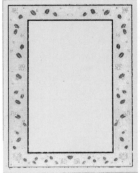
▲ 彩图25　黄绿加白清脆芳香

▲ 彩图27　绿加白清淡宁静

▲ 彩图26　绿色理智淳朴

▲ 彩图28　绿加黑安稳

▲ 彩图29　蓝绿色平稳幽静

▲ 彩图30 蓝绿加白
高洁秀气

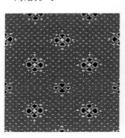

▲ 彩图31 蓝绿加黑
顽强庄严

▲ 彩图32 蓝色沉静简朴

▲ 彩图33 蓝加白清淡高雅

▲ 彩图34 蓝加黑深奥

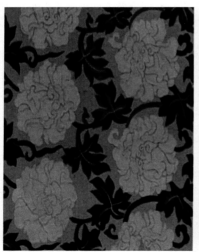

▲ 彩图35 蓝紫色有深远感

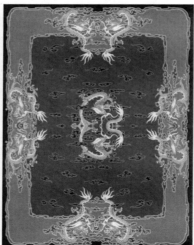

▲ 彩图36 蓝紫加白幽静

▲ 彩图37 紫色优雅高贵

▲ 彩图38 紫色加白清雅

▲ 彩图39 紫红色浪漫华贵

▲ 彩图40 紫红加白甜美温雅

▲ 彩图41 明快的白色

▲ 彩图42　黑色与其他色彩配合使用　　▲ 彩图43　同类色相对比　　▲ 彩图44　邻近色相对比　　▲ 彩图45　对比色相对比

▲ 彩图47　高明度基调　　▲ 彩图48　中明度基调

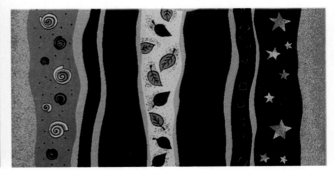

▲ 彩图46　互补色相对比　　　　　　　　▲ 彩图49　低明度基调

▲ 彩图50　低纯度底纹的图案　　▲ 彩图51　冷色调家纺　　▲ 彩图52　暖色调家纺

▲ 彩图53　色彩面积对比关系

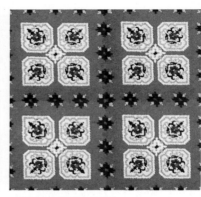

▲ 彩图54　邻近色的调和

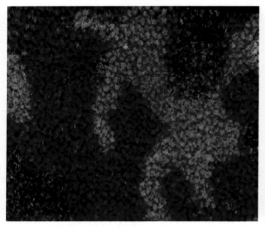

▲ 彩图55　同类色之间的调和

▲ 彩图56　冷暖色的调和

▲ 彩图57　黑白金促成的调和

▲ 彩图58　亮色与暗色的对比调和

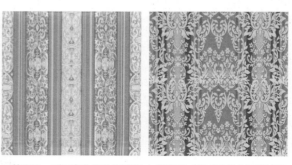

▲ 彩图59　不同底色的对比调和　▲ 彩图60　嵌入明暗线条的对比调和

▲ 彩图62　可爱、快乐、有趣的配色

▲ 彩图61　对比色的对比调和

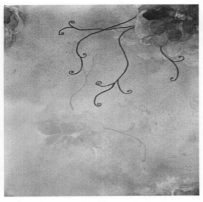

▲ 彩图63　华丽、花哨、女性化的配色

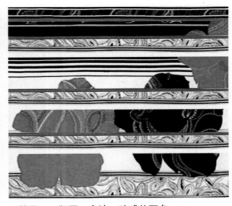

▲ 彩图64　狂野、充沛、动感的配色

▲ 彩图65　轻快、华丽、动感的配色

▲ 彩图66　柔和、洁净、爽朗的配色

▲ 彩图67　运动、轻快的配色

▲ 彩图68　柔和、明亮、温和的配色

▲ 彩图69　花雨设计效果图

▲ 彩图71　棕调配色效果图

▲ 彩图73　蓝调配色效果图

▲ 彩图70　花雨图稿分色排序

▲ 彩图72　棕调配色排序

▲ 彩图74　蓝调配色排序

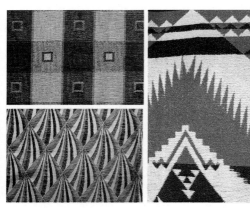

▲ 彩图75　织物的配色

▲ 彩图77　统一色调的刺绣家纺

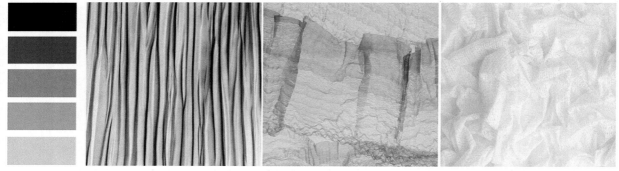

▲ 彩图76　流行色的运用

▲ 彩图78　对比色调的刺绣家纺

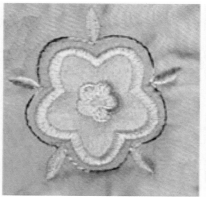

▲ 彩图79　各种色彩对比的刺绣图案

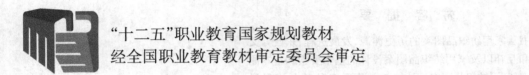

“十二五”职业教育国家规划教材

经全国职业教育教材审定委员会审定

家用纺织品图案设计与应用

（第2版）

张建辉　王福文　主　编

中国纺织出版社

内 容 提 要

本书从家用纺织品图案的历史渊源、发展进程、东西方文化差异和互补以及家用纺织品图案设计的基本要素和基本原理入手,对家用纺织品图案设计的各个层面、各种形式、各种风格与各类技法进行了较为全面和详尽的介绍。重点讲述了不同类型家用纺织品图案的设计步骤和文案实例的操作,将理论与实际生产有机结合,取材广泛,内容新颖。

本书可作为高职高专院校相关专业的教材,也可作为家用纺织品设计师和生产技术人员的培训教材,同时可供家用纺织品企业及相关企业的设计人员阅读参考。

图书在版编目(CIP)数据

家用纺织品图案设计与应用 /张建辉,王福文主编.
—2 版. —北京:中国纺织出版社,2015.4(2023.9重印)
"十二五"职业教育国家规划教材
ISBN 978-7-5180-0119-4

Ⅰ.家… Ⅱ.①张… ②王… Ⅲ.①纺织品—图案设计—高等职业教育—教材 Ⅳ.①TS194.1

中国版本图书馆 CIP 数据核字(2013)第 251464 号

策划编辑:孔会云　责任编辑:符 芬　责任校对:余静雯
责任设计:何 建　责任印制:何 建
中国纺织出版社出版发行
地址:北京市朝阳区百子湾东里 A407 号楼　邮政编码:100124
销售电话:010 — 67004422　传真:010—87155801
http://www.c-textilep.com
中国纺织出版社天猫旗舰店
官方微博 http://weibo.com/2119887771
北京虎彩文化传播有限公司印刷　各地新华书店经销
2023 年 9 月第 8 次印刷
开本:787×1092 1/16　印张:13.25　插页:4
字数:198 千字　定价:42.00 元

百年大计,教育为本。教育是民族振兴、社会进步的基石,是提高国民素质、促进人的全面发展的根本途径,寄托着亿万家庭对美好生活的期盼。强国必先强教。优先发展教育、提高教育现代化水平,对实现全面建设小康社会奋斗目标、建设富强民主文明和谐的社会主义现代化国家具有决定性意义。教材建设作为教学的重要组成部分,如何适应新形势下我国教学改革要求,与时俱进,编写出高质量的教材,在人才培养中发挥作用,成为院校和出版人共同努力的目标。2012年12月,教育部颁发了教职成司函[2012]237号文件《关于开展"十二五"职业教育国家规划教材选题立项工作的通知》(以下简称《通知》),明确指出我国"十二五"职业教育教材立项要体现锤炼精品,突出重点,强化衔接,产教结合,体现标准和创新形式的原则。《通知》指出全国职业教育教材审定委员会负责教材审定,审定通过并经教育部审核批准的立项教材,作为"十二五"职业教育国家规划教材发布。

2014年6月,根据《教育部关于"十二五"职业教育教材建设的若干意见》(教职成[2012]9号)和《关于开展"十二五"职业教育国家规划教材选题立项工作的通知》(教职成司函[2012]237号)要求,经出版单位申报,专家会议评审立项,组织编写(修订)和专家会议审定,全国共有4742种教材拟入选第一批"十二五"职业教育国家规划教材书目,我社共有47种教材被纳入"十二五"职业教育国家规划。为在"十二五"期间切实做好教材出版工作,我社主动进行了教材创新型模式的深入策划,力求使教材出版与教学改革和课程建设发展相适应,充分体现教材的适用性、科学性、系统性和新颖性,使教材内容具有以下几个特点:

(1)坚持一个目标——服务人才培养。"十二五"职业教育教材建设,要坚持育人为本,充分发挥教材在提高人才培养质量中的基础性作用,充分体现我国改革开放30多年来经济、政治、文化、社会、科技等方面取得的成就,适应不同类型高等学校需要和不同教学对象需要,编写推介一大批符合教育规律和人才成长规律的具有科学性、先进性、适用性的优秀教材,进一步完善具有中国特色的职业教育教材体系。

(2)围绕一个核心——提高教材质量。根据教育规律和课程设置特点,从提高学生分析问题、解决问题的能力入手,教材附有课程设置指导,并于章首介绍本章知识点、重点、难点及专业技能,增加相关学科的最新研究理论、研究热点或历史背景,章后附形式多样的习题等,提高教材的可读性,增加学生学习兴趣和自学能力,提升学生科技素养和人文素养。

(3)突出一个环节——内容实践环节。教材出版突出应用性学科的特点,注重理论与生产实践的结合,有针对性地设置教材内容,增加实践、实验内容。

(4)实现一个立体——多元化教材建设。鼓励编写、出版适应不同类型高等学校教学需要的不同风格和特色教材;积极推进高等学校与行业合作编写实践教材;鼓励编写、出版不同载体和不同形式的教材,包括纸质教材和数字化教材,授课型教材和辅助型教材;鼓励开发中外文双语教材、汉语与少数民族语言双语教材;探索与国外或境外合作编写或改编优秀教材。

教材出版是教育发展中的重要组成部分,为出版高质量的教材,出版社严格甄选作者,组织专家评审,并对出版全过程进行过程跟踪,及时了解教材编写进度、编写质量,力求做到作者权威,编辑专业,审读严格,精品出版。我们愿与院校一起,共同探讨、完善教材出版,不断推出精品教材,以适应我国职业教育的发展要求。

中国纺织出版社
教材出版中心

　　《家用纺织品图案设计与应用》自2008年出版以来广受全国家纺专业师生的好评，为高职高专装饰艺术设计门类中的家纺设计专业提供了优质的教材，成为家纺图案设计人员的工具书，满足了我国家纺业人才培养的需要。

　　由于国家对高职高专人才培养目标的不断推进，要求家纺专业的教材建设要紧跟国家的高职建设方向，《家用纺织品图案设计与应用》也需紧跟高职建设的指导方向。随着时代的变化，社会对家纺专业和家纺教材的要求也在变化，不断提出新的要求，就家纺图案设计而言，也需要不断推进，尤其是近年将家纺图案方面的流行纹样及展会、流行趋势发布等信息引入到我们的教材中，以适合时代和流行的潮流。另外，为了更好地表述家纺图案设计知识，本教材需引入部分新的家纺专业名词、家纺图片及案例，需不断更新信息，尤其是表现家纺图案的审美，从而体现教材的与时俱进。

　　本教材根据国家对高职高专家纺专业的建设目标，完善了教材的结构，删除了部分使用率不高的章节，完善了重点章节的编写，删除了较老的家纺用词，加入了近几年新出现的家纺新名词。教材收集和分析了近几年最新的家纺流行图案及展会、趋势发布等信息，增加更多最新的家纺图案，加大图片的尺寸，使图片符合艺术课程的特点。对原教材中理论不够准确的知识进行改进，按国家级家纺图案设计教材的要求来修订。

　　新修订的教材定位准确，针对性强，教材内容根据图案设计与家纺的关系，按照图案的课程体系来编排。教材收集了大量的家纺图案及应用图片，对各个知识点都配有图例加以说明，图例在应用上力求时尚。教材的理论体系完整，对审美的讲述与表现比较严谨，力求专业知识的全面与适用，可作为学生在家纺图案课程方面的教材。本教材积极引导学生进行新颖设计，根据现代家纺设计的要求，创意表现家纺图案，服务于家纺的现代设计。

编　者

2014年2月

家用纺织品图案设计作为一种极具创造性的实用工艺美术活动,历经千百年,从最原始的缝、染到初级的缋、印、绣、编、织,进而又发展成为由现代技术、现代工艺、现代风格、现代理念支撑的,更符合人们欣赏习惯的,高品位、全方位的整体家居设计。家用纺织品图案这个独立的艺术设计门类,在人们的生活中产生了不可忽视的影响,也更凸显出家纺图案设计艺术所承载的分量。

中国是世界上最早生产纺织品的国家之一,因此,中国纺织品图案的历史也极为悠久,中国纺织品图案在几千年的历史进程中,在不同的时代背景下形成了诸多各具时代特色和艺术风格的作品。同时在与世界各国的交流活动中,大量吸收世界民族的优秀文化,不断创新、改革和发展,形成了独特的民族风格与体系,更对世界纺织品图案的进步与发展产生了不可磨灭的影响。

家纺图案艺术设计正在以前所未有的速度渗入到人类活动的各个层面,以她特有的艺术魅力影响着人们,影响着世界。家纺图案设计所呈现的综合性、复杂性、多样性更进一步融汇进各个领域。现时代的人们更注重家用纺织品图案设计实用价值与审美价值的完美结合,更加追求科学与美学、技术与艺术的高度统一。各种纺织新材料的出现,人们审美意识的日益提高,人类对生活质量、生活环境更高的追求,促使家用纺织品向着更高档化、系列化、多元化和个性化发展,也对家纺图案设计提出了更高的要求。

针对我国家纺业的迅速发展和家用纺织品内外贸易对图案设计更新的急切需求,以及高职高专装饰艺术设计门类中家用纺织品图案设计教材的不足,我们编写了《家用纺织品图案设计与应用》这本教材。本教材力图通过专业基础知识的教学,结合传统纺织艺术、现代家纺艺术与现代染、织、绣技术,采用理论结合实践、以多媒体和实验室教学相辅助的教学方法,对学生进行智能开发和实践训练;同时在教学中始终贯穿"应用"这一主线,以"够用"为原则,将手工纸样设计与计算机辅助设计有机结合,设计理论与企业生产实践紧密结合,锻炼学生动手能力,为培养实用型人才打好基础。

本教材共分十三章,每章均配有相对应的多媒体课件。教材的作者中既有资深高级家纺设计师,也有家纺业的国家级专家。第一章~第七章为理论教学,第八章~第十三章为实践教学。前言及第一章、第三章第一节、第四章、第八章由王福文编写,第二章由徐兹程、张建辉编写,第三章第二节、第三节、第五章、第六章由张建辉编写,第七章由徐兹程编写,第九章、第十二章由牟云生编写,第十章由张建辉、徐远芳编写,第十一章由牟云生、张建辉编写,第十三章由王禾编写。

　　本教材的编写参阅了有关文献和网站,得到浙江纺织服装职业技术学院、山东丝绸纺织职业学院、山东科技职业学院的关心与支持,并得到中国纺织出版社的鼎力相助,在此一并致谢。对于本教材的不足之处,恳请读者给予指正。

编　者

2007年10月

课程设置指导

课程设置意义　中国家纺业迅速发展并逐步与国际接轨,为社会培养家用纺织品图案创意、设计的高级应用型人才成为当务之急。家用纺织品图案设计与应用课程对提高学生基础理论水平,培养学生的动手能力并增强其创新能力具有重要意义。

课程教学建议　家用纺织品图案设计与应用作为纺织品装饰艺术设计专业"染织图案设计"方向的主干课程,建议理论课88学时,实践课88学时,理论课每课时讲授字数控制在4000字以内,教学内容包括本书全部内容。

课程教学目的　本课程的教学,旨在使学生了解染、织、绣工艺演变、发展的历程,掌握图案设计的基本理论,并将新观念、新思潮、新手法、新风格融入其设计思维中,较熟练地掌握印花、提花、绣花、扎染、蜡染等家用纺织品图案设计的方法和步骤,结合流行趋势,提高学生的思维能力、分析能力、审美能力和动手能力。

Contents
目 录

第一章 概论

家用纺织品(简称家纺)图案是通过各种不同的工艺技术、设备和方法,在各种不同的织物上加工出来的。家用纺织品图案的生产方式很多,应用范围也比较广泛。从生产方式上讲,有提花、印花、绣花、挑花、扎染、蜡染、手绘等,而它们各自又有很多的分类,仅印花方面就有型版印花、淋染印花、滚筒印花、静电植绒印花、平网印花、圆网印花、转移印花、数码喷墨印花、微胶囊印花等,而织花、绣花更是在历史的发展中产生了多种不同的生产方式。从产品应用的范围来看,在家居方面有卧室、客厅、卫生间、厨房等各种不同功能家用纺织品的应用,在宾馆方面有会客室、客房、卫生间等家用纺织品的装饰,另外在其他各种会议室、办公区域、影院、舞厅以及各类交通工具中,家用纺织品也得到了广泛的应用。

家用纺织品图案设计属于艺术设计学科的范畴,是技术与艺术结合的产物。

第一节 家用纺织品图案的概念

图案是人们在长期的生产、生活中根据自己的喜好,归纳世间万物形成的一种审美形式;家纺图案也是在整个社会历史文化的发展和演变中,形成的一个专门的艺术门类。家纺图案的设计需根据实用、经济、美观的原则,紧密结合材料、生产工艺、技术设备能力和市场消费状况,根据美的法则和图案的构成原理使之形象化地表达出来。家纺图案与纯美术有所不同,纯美术一般比较客观地反映自然或自然现象。它是对自然形象进行色彩加工描绘,使其合乎艺术美的法则。而家纺图案作为一种工艺性的美术形式,它不仅要反映自然,还需要将自然形象进行适当的加工,使之不但符合艺术美法则,符合人们的审美习惯,更需要符合人们的生活需求,具有很强的社会性。当今时代,虽然纯美术与工艺美术之间的界限在形式上已渐趋模糊,但它们的功能却永远是不可相互替代的。

人类社会悠久历史文化的传承,带给我们丰富的文化遗产,人类的祖先在与大自然千万年的共存中,创造了很多美丽生动的艺术形象,这其中就包含着大量经典的传统纹样。最初通过对美的理解与追求,将自然界的形象以非常简练的手法表现在劳动生产工具上,表现在饰物和生活用品上,这就生动体现了图案艺术源于人类的生活,反映了人类的审美观念。在人类社会的发展历程中,图案也在不断发展并产生了许多经典图案,使后来的设计者在诸多方面能有所借鉴。例如传统图案的造型、形式、色彩、技法与创意。

大量优秀的图案资料(图1-1)中,有人物、植物、动物、器物、景物、天象、文字、几何、抽象图案等资料,而它们又在不同的时期各呈现不同的表现形式和风格。设计人员可以根据这些图案资料,进行分类、分析和选择,采用最为适合的方式来表达对美的感受并运用到家用纺织品设计中。

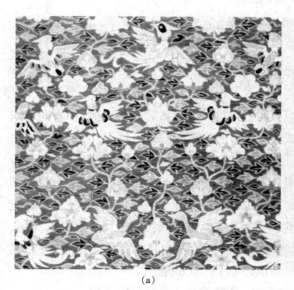
(a)

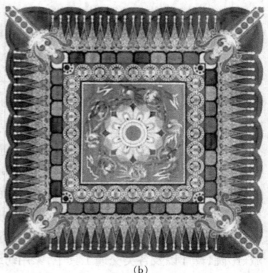
(b)

图1-1　优秀图案资料

图1-2　从大自然中撷取的图案资源

另外,家纺图案的设计素材还可以在自然界中自由撷取(图1-2)。大自然是一个取之不竭、采之不尽的素材库,世间万物都是家纺图案表现的对象。花草虫鱼、飞禽走兽、山水树木、器皿用具、亭台楼阁、蓝天白云、日月星辰,甚至宏观到宇宙天体、微观至细胞结构,都可以通过各种方式取得并进行艺术的提炼、整理、加工、变化,将其最动人的一面优化成最典型、最理想的资料,为家纺图案设计服务。

第二节　纺织品图案的发展

我国纺织品染、绣、织、印的技术历史悠久。在距今约2万～5万年之久的山顶洞人居住遗址(北京房山区周口店龙骨山),考古学家发现了一枚骨针。它代表了缝纫工具的发明与缝纫时代的开始,也可以说是绣花针的始祖。早在18000年前的山顶洞人,已知道将青鱼眼骨和穿结用的线染成红色,以作为装饰品美化自身,这应是原始艺术的萌芽,也可看作是染色技术的萌芽。约7000年前的新石器时期,居住在青海柴达木盆地的原始部落已能将毛线染成红、黄、褐、蓝等颜色了。

中国刺绣起源很早,相传"舜令禹刺五彩绣",夏、商、周三代和秦汉时期得到发展,其风格表现壮丽雄魄,色彩对比强烈,线条的变化刚柔曲直,绣纹主要有龙、凤、虎等与神话或民间信仰有关的珍禽猛兽。

商周时期,染色技术已有了相应的提高和发展,其中专门从事纺织品加工的作坊就已经有了精练、漂白、染色、手缋等工艺。染色方法也有了一次染和多次染(套染法),已能利用三原色原理套染出多种色彩的纺织品。殷墟出土文物中的方格纹和菱形织纹的残绢,证明了商代的织造工艺已能织出平纹和斜纹织物了,长沙墓中出土的丝织品,则见证了在周代末年已有精美的锦绣织物。

春秋战国时期,丝织物图案已非常复杂,多彩织锦渐趋兴盛,刺绣工艺进入成熟阶段,如山东齐鲁的细薄丝织品和五彩绣品已是闻名全国,湖北江陵出土的战国晚期丝织品中(图1-3),以多种彩色丝绣出的蟠龙飞凤、龙凤相蟠纹和龙凤虎纹已非常精美。这个时期凸版镂空型版、印花技术出现了,这一技术的产生,对提高纺织品的档次,增加纺织品的花色品种产生了重大影响。

秦汉时期染织工艺有了更进一步的发展。汉代刺绣已有很高水平,在马王堆出土了大量西汉丝织品和刺绣用绢、罗的绣料。这个时期,人工拉花机业已基本定型,

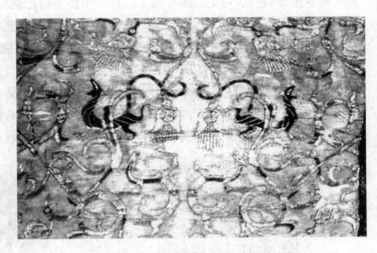

图1-3　战国晚期彩丝绣龙凤虎纹丝织品

拉花机使丝绸织物品种大增,色彩绚丽多彩,为开通丝绸之路提供了源源不断的货源,创造了中国丝织品的辉煌。凸版印花技术也已经达到相当的水平,印花敷彩纱和金银印花纱,采用凸版印花加上彩绘制作的长沙马王堆出土的纺织品(图1-4)已相当精美,其图纹细腻,印花接版准确,说明当时已成功地掌握了印花涂料的配制和多套色印花技术。在新疆民丰,东汉

墓发掘出土的"蓝白印花布"也进一步说明汉代印染工艺达到了精巧的程度。

隋唐时期，艺术创作可称得上是最兴盛、最辉煌和最灿烂的时期。织锦上的花纹图案较前朝更多了，从隋唐到宋，织物组织由变化斜纹演变出缎纹(图1-5)，使三原组织趋向完整。

图1-4　汉代马王堆帛画

图1-5　宋锦

当时，织物图案的制作工艺不仅有织绣，还有战国时期和汉代的凸版、镂空版印花技术，以及夹缬(图1-6)、蜡缬、绞缬等方法，这些都是我国最早的防染印花方法。当时已有了"五色夹缬罗裙"的记载，可见我国印染工艺在一千多年前已达到了相当的水平。这个时期的刺绣除了被广泛应用外，针法也有新发展，是一个技术运用和艺术表现综合融会的发展时期。这时已善用分层退晕抢针方法设色，装饰题材主要是花草禽鸟搭配而成的图案。常见图案有连珠纹、宝相花纹、晕涧纹等，构思风格融合壮丽与秀美、传统与当代、本民族与外民族的图纹。

宋代，朝廷设有许多官局专司丝织纹样的管理，纺织品花纹和色彩富丽而繁多，以牡丹为图案资料主要就是从这个时期开始的，当时仅采用的牡丹样式就有两百多种，其组织方法也打破了过去对称的结构形式，在织锦图案上多采用穿枝牡丹和西藩莲。这个时期，中原地

图1-6　夹缬纹版及成品

区植棉技术的提高,促进了棉布生产业的发展,也促进了蓝印花布的发展,木板镂空印花也逐步转为油纸镂刻漏版印花,提高了效率也使纹样更趋精美。

明清时期,纺织印染手工作坊增多,印染工艺更为先进,镂空版印花技术继续保留,同时又发展了刷印印花工艺,生产效率大大提高。拔染工艺也在这个时期得以开发。染织图案到元、明、清时虽然发展不是很大,但仍出现了一些织绣名锦,如"纳石失"金锦和利用发绣完成绘画之制作的"顾绣"。北京定陵博物馆保存的明代刺绣百子图的绣衣(图1-7),其中百子游戏形态万千,绣纹细腻。清代织绣工艺仍分为官营和民营两种形式,官营集中在南京、苏州和杭州,其刺绣产品出口至日本、南洋及欧美等地。中国刺绣产品精致灿烂,在全国各地形成具有地方特色的刺绣工艺(图1-8),如苏绣、蜀绣、粤绣、湘绣四大名绣。

图1-7 明代百子图绣衣

图1-8 富有地方特色的刺绣工艺

和中国的纺织业一样,世界的纺织业也经历了同样的发展过程,而且一些国家的纺织印染业的迅猛发展对世界纺织的发展起到了极大的促进作用。

公元前5000~公元前2000年,南美大陆安第斯山脉产生了高超精美的染织品,这个时期的染织品被称为前印加时代染织或前印加文化。图1-9、图1-10所示分别为印加图案中的半神半兽形象和常用的形式。

图1-9 印加图案中的半神半兽形象

图1-10 印加图案中常用的形式

公元前3000年左右,印度已经开始用木板粘上茜红印染花布了。公元前1400年左右,印花布产品在印度已非常盛行,并曾向中国贩运和销售。一些历史学家认为,印度就是印花工艺的发源地。

历史上残存的,至今最古老的印花织物,是从埃及4世纪的柯普特人的坟墓里发掘的(图1-11)。在同类的遗址中,还发现了6世纪的印花布,其印花技术比4世纪有了很大进步,这时已经能使用三色印花了。

图1-11 保存完好的埃及4世纪时期的儿童外衣和木制版型及印版残片

5~6世纪,埃及初期柯普特人的织锦形成东方基督教色彩的织物式样,被称为柯普特式样。柯普特染织从4世纪到12世纪,经历了几百年的历史沧桑。

公元4世纪,中国丝绸在罗马已具相当名气(图1-12)。

图1-12 4世纪的中国丝绸

公元555年,两基督祭司将蚕种、桑种藏于竹杖中带出中国,丝绸业得以在拜占庭推广与发展。波斯、中国、希腊、伊斯兰等地相互影响、补充,构筑了拜占庭独特的综合纹样艺术。同时,该时期出现的西方三大徽章图案对织物纹样形成了极大的影响,如英狮子徽章纹样、法百合徽章纹样(图1-13)和拜占庭鹫徽章纹样。

7~8世纪,中国丝绸通过"丝绸之路"西进波斯、拜占庭。13世纪以后,中国题材的丝绸大量涌入意大利,促进了欧洲印花纺织品的发展。这个时期,先在德意志的莱茵河流域出现了印花纺织品,是当时具绝对权威的教会要求其下属的印花作坊以低廉的价格仿造东方的,尤其是中国的丝绸锦缎。继德国之后,意大利威尼斯成为印花设计中心。这个时期出现的边框线加传统风景、人物、田园风光的印花布(图1-14)色彩丰富,十分受欢迎。

13世纪哥特时代的意大利丝绸中心卢卡,就出现了大量东方怪兽、植物纹样等带有东方神秘色彩的题材广泛应用于织物上。

14世纪,卢卡开始仿制中国丝绸纹样,使中国题材西方化(图1-15),以适应欧洲人的欣赏趣味。织工们把中国绸缎的莲花纹改成蔓草纹,将凤凰改为西方式的中国形象,并把欧洲人不熟悉的题材变成他们熟知的形象重新编排和应用在织物上,以适合欧洲民族文化的特点。

图1-13　徽章纹样　　　　图1-14　边框线加图案的印花布　　　　图1-15　中国题材西方化的纹样

15世纪,由于西班牙丝绸融合了西班牙风格和哥特风格,以横条为主的纹样由多角星和鸟纹配合组成,并配有中东生命树,可以认为这个时期的纹样是从伊斯兰样式逐渐向欧洲样式转换的一个变化过程。

17世纪,整个欧洲地区掀起一股销售购买印度花布(图1-16)的热潮。尽管价格昂贵,但仍然形成流行趋势。萨拉萨花布的热销,给欧洲的文化与经济带来了极大的冲击。

17世纪的染织美术继承欧洲文艺复兴时期的美术风格,创造了巴洛克样式的织物纹样(图1-17)。巴洛克样式的织物纹样初期以自然花卉为题材,后期则以莲花、棕榈叶构成

图1-16　在欧洲流行的印度花布

古典的流线涡卷纹与其他新颖奇特的题材相结合（图1-18）。

18世纪，法国里昂发展成为世界丝绸织造业中心，里昂的丝绸织造业把优秀的图案设计家称为企业的灵魂。他们的功绩就在于把生动的花卉写生形象设计成精美而轻松的洛可可织物纹样并使其栩栩如生（图1-19）。

图1-17　巴洛克样式织物纹样　　图1-18　绮想样式怪异纹样

18世纪中叶，法国开始生产印花布。从此，欧洲印花工业才真正走上了迅速发展的道路。著名的朱伊印花厂就是这个时期首屈一指的印花工厂，如图1-20所示为朱伊印花纹样。

图1-19　栩栩如生的洛可可纹样

图1-20　朱伊印花纹样

1780年,苏格兰人詹姆士·贝尔(J. Bell)发明了第一台滚筒印花机,从而使纺织品印花步入了机械化加工的时代。1830年,开发出滚筒网纹雕刻技术,印出的纺织品图案更加精细,色彩更加丰富。

19世纪初在法国出现了具有现代雏形的提花机,以纹板代替了人工拉花。

1810年前,世界印染业一直使用植物染料,这之后发现了色牢度优异的绿色染料,揭开了染色、印花工艺历史的新篇章。1835年,发现并使用矿物染料。1856年,发明了合成染料,奠定了现代染色、印花工业发展的基础。

1840年,鸦片战争五口通商之后,帝国主义国家的机印花布开始进入我国市场,先后在我国上海、青岛、天津建立纺织印染厂,对我国的农村土布和蓝印花布形成很大的冲击。这时花布的风格,大部分带有东洋或西洋的色彩。

1931年后,我国民族资产阶级也相继在上述三个城市开创了纺织印染厂。第二次世界大战爆发后,厂家逐步增多,品种也有所增加,国内印染业才得以发展。

1944年,瑞士布塞(Buser)公司为适应小批量、多品种的生产,研究制造了全自动平网印花机。它的诞生,也为荷兰斯托克(Stork)公司的圆网印花机的问世打下了基础。同时,这些印花机的发展与应用,奠定了西方工业国家在现代纺织品印花技术领域的领先地位。

1949年后,我国的纺织印染业得到了迅速发展。这个时期的印花方式一直还采用锌板镂空型版印刷技术和滚筒印花。1958年,上海率先在床单生产上将锌板印花改进成网动式平网印花机,大大提高了工作效率并改进了印制质量。1973年,我国从斯托克公司引进了第一台RD-T-HD型圆网印花机;1987年,从瑞士引进了第一台V-5型特阔幅平网印花机,使创作者在图案设计中有了更开阔的空间和回旋余地,印花效果更加精致,色彩更加丰富,花型排列更有特点,花型结构更加活泼。

19世纪中叶到20世纪初,英国维多利亚印花棉布兴起,图案设计师们以美国艺术家奥杜邦的《美国鸟类图鉴》为资料设计了大量且有异国情调的印花布图案。加上原有的棕榈、禽鸟、西番莲草、天竺葵、茉莉、唐草和哥特式纹样,图案题材极为丰富。

20世纪70年代,计算机应用于纹织工艺,开发了纹织CAD,使意匠、纹板轧制摆脱了手工操作,极大地提高了工作效率。1983年,第一台电子提花机在英国问世,它去掉了外在纹板,把纹织CAD与CAM直接结合,实现了纹织工艺的历史性飞跃。

1967~1977年间,一种完全改变传统印花概念的印花方式诞生了,这就是我国90年代大量引进的转移印花工艺。这种印花方式的出现,不但控制了对自然界的污染,将生产与销售的关系处理得更灵活,而且减少了产品的积压,让设计师的创作思维产生了前所未有的飞跃,印花图案更富艺术性,层次更加丰富,形态更加逼真。

近几年,又一种更加先进的印花方式——数码喷墨印花出现了。数码喷墨印花是集机械、电子、信息处理设备为一体的高新技术印制方式,它免掉了描稿、制版等工序,直接将图案输入电脑程序的一种印花方式。数码喷墨印花工艺更彻底地解除了对设计者创作思维的束缚,是未来印花技术发展的方向。

还有近几年开发的微胶囊印花方式,通过特种工艺,使附着在织物上包含着染料的微胶囊破裂后产生自然而缤纷的图案,这种把染色和印花合并为一个程序的生产方式,更加体现了科学与工艺紧密结合的迷人魅力。

第三节 中国家用纺织品图案设计的任务

"全球化"的经济竞争加速了文化的碰撞与融合,新经济的快速发展推行出新的文化发展决策,而与人类生活紧密相关的家用纺织品的设计也将在物质形态和文化领域中呈现出令人欣喜的局面。然而,家纺图案设计和其他设计形态一样,在面临新的发展机遇的同时也面临严峻的挑战。随着我国改革开放的不断深入,我们越来越清楚地看到,西方艺术设计领域在开放式的文化策略下所形成的后现代文化思潮对全球的影响是巨大的,中国当代文化包括艺术设计从中所受的影响也极为明显。当前中国家用纺织品图案设计的初步改观,促使设计师必须从战略的高度去加以更深层次的思考,中国当代家用纺织品图案走向世界、赢得世界的认可是今后一个长远的任务和目标。

因此,必须更好地吸收西方后现代文化思潮下的美学成果来为我国的家用纺织品图案设计服务,拿出具有中国特色的并且合乎世界新潮流的家用纺织品设计图案去为世界上更多的国家服务,即从东西方文化互补的角度和设计战略的高度,发展当代中国的家用纺织品图案设计。如图1-21所示为东西方文化相结合的当代家纺图案。

图1-21 东西方文化相结合的当代家纺图案

　　任何一种产品的背后都依托着一种文化，没有文化渊源的产品是没有生命力的产品。中国家用纺织品要想在国际上占有一席之地，就必须依托好中国传统文化。中国家纺图案设计虽然尚不属于一种独立的艺术形式，但它包含的文化因素和艺术特色及其美学成分极为浓厚，它同样能够像艺术作品所肩负的重任那样来表达设计者的艺术观念。

　　我国是个古老的文明大国，与欧洲等国家和地区的商业贸易和文化交流已经有两千多年的历史，不断输出的中国文化种子早已在国外生根结果。这些早已被国外所接受的文化内容可以作为设计元素，直接运用到家纺设计上。中国的设计元素与异质文化元素在碰撞中相互融合，产生出了新的设计元素。挖掘中国的文化资源中可能或是即将被国外所接受的元素。这部分元素往往是创新的亮点，要研究整理中国的文化资源，发现还没有开发的处女地。这方面的积累既是当前设计工作强有力的支撑，也是今后设计开发工作的原始动力。

　　要在国际市场上树立和培育中国家用纺织品的形象风格，用国际的流行趋势、国际家纺时尚的元素为中国传统的设计元素重新整合进行形象设计，逐步塑造出可以被国际家纺大舞台所接受和喜爱的新的"中国风格"（图1-22）。

图1-22　中国图案独特的民族风貌

思考与练习

1. 什么是家纺图案设计？
2. 通过纺织品图案设计的发展，你受到了什么启发？
3. 中国家纺图案设计的主要任务是什么？

第二章　纺织品图案的流派、风格与特点

●━━● 本章知识点 ●━━●

1. 中国民族图案的特点。

2. 巴洛克与洛可可时期图案的联系与区别。

　　纺织品是一种实用和美观相结合的产品。在对纺织品外观图案的设计开发工作中,既要充分考虑实用和美观等诸因素,更要设定准确的市场定位,以满足不同地区不同类型消费者的不同需求。

　　纺织品的图案所蕴涵的历史和文化是深厚的。经过几百上千年艺术流派的变迁、风格特点的转换、生活方式的更改、技术条件的进步,造就了大批的经典图案。每一个成功的图案设计,都是在特定的历史背景、技术限制和市场需求下,准确地传达了一种人文的情调、艺术的品位、时尚的概念,反映出消费者的不同需求。因而对于各类优秀图案,尤其是对纺织品图案的认真研读,对其产生的渊源、发展的方向、演变的历程进行深入了解与分析,有利于设计师吸收其精华并与时尚潮流相结合,设计开发出具有时代感又充分体现视觉美的原创产品,让代表创作者精神与情感的设计作品与消费者的精神、情感互动交流。

第一节　民族图案

　　具有装饰风格的民族图案是一个民族灿烂文化艺术的一部分,是民间艺术的一朵奇葩。在上千年的历史发展中,民族图案成为一种载承民间传说、民族心理、民族精神和民间艺术的物承文化。近年设计中充分运用民族风格的纺织品图案的设计得到专家的认可和市场的认同,究其根源是民族文化精髓的世界认同,本节以中国民族图案和有代表性的世界民族图案为例来做一个扼要的介绍。

一、中国民族图案

　　中国民族美术图形追求圆满、美满、美观、和谐的内在本质,构图充实丰满,具有独特的造型方式。中国民族图案在造型上受图腾崇拜、实用功利和工艺制作的支配与制约,制作者不自觉地以意想或象征的装饰变形手法处理,在实践中摸索,创造了适合纹样、单独纹样、二方连续、四方连续等装饰模式,并总结出了装饰造型的审美原理与法则,如对立与统一、对称与均衡、虚形与实形、重复与多样、节奏与韵律等。

（一）汉族

汉族是我国主要民族。汉族图案首先以龙、凤图案为代表。中国古代封建统治者将龙作为皇权的象征或王室的标志。汉族民间一向将龙作为民族的象征，以龙的传人而自视。龙作为吉祥喜庆之物，在民间纺织品图案中所表现的题材也很多，最为常见的是龙凤呈祥，象征郎才女貌、夫荣妻贵。凤凰美丽的形象在民间广为流传和应用，汉代以后凤逐渐为女性所专用。遇喜庆以凤凰为图案的装饰品也很多，如凤戏牡丹、丹凤朝阳等。虎的图案在汉族纺织品中也很有代表性。在民间艺术造型中虎的形象威严而不恐怖，表现出小孩般的顽皮和憨态。民间布艺中的老虎枕、虎头鞋就是其中的代表。

在植物方面，汉代民族图案形象多以梅花、兰花、竹、松、菊花、吉祥草（忍冬草）、灵芝、牡丹、荷花、宝相花等为代表。

人物图案方面，以八仙、和合、钟馗、门神、财神、寿星、观音、刘海、抓髻娃娃、一团和气等为代表。

寓意图案方面，有太极八卦、盘长、方胜、喜相逢、涡纹、如意、聚宝盆、摇钱树等。

汉族吉祥图案（图2-1）多采用龙、凤、麒麟等神兽神鸟及常见植物花卉来表现。

图2-1　汉族吉祥图案

(二)苗族

苗族多居住在崇山峻岭之间。苗族聚居地区的地理位置相对闭塞,生活条件也比较落后艰苦,但是苗族服饰却锦绣繁华,并以夺目的色彩、繁复的装饰和耐人寻味的文化内涵著称于世。苗族图案承载了传承本民族文化的历史重任,从而具有了文字部分的表意功能。例如苗族服饰挑花图案中,有两种图案分别叫做"弥埋"和"浪务",前者意为大马或骏马,后者意为水浪。"弥埋"图案由勾连纹、塔状纹、三角折曲纹组成。"浪务"图案由半抽象的纹饰组成。据说图案上方的两道三角曲折弯道是指苗族在迁徙过程中渡过的大河,下方是花浪纹。

苗族分布地域相对分散,所以不同地区苗族的图案也不尽相同。例如清水江流域的苗族服饰图案以蝴蝶和龙纹为主,都柳江流域的一部分苗族以鸟为图腾,他们的盛装上布满鸟纹,俗称"百鸟衣"。造成这种图案上的区别的原因是多方面的,与苗族各个支系迁徙的历史、居住的自然环境和独特的审美趣味等都有密切的关系。苗族服饰上最常见的纹样是动物形象,其刺绣、织锦图案中有对龙与蝴蝶的大量描绘,还有许多半人半兽的纹样,如人头龙、人头蝴蝶、人头兽、人头鸟等,反映出人类早期以渔猎为主的原始生活状态。苗族图案(彩图1)多具有文字表意功能,色彩夺目,装饰繁复。

(三)黎族

黎族没有文字,而黎锦的纺织技艺高超,风俗民情、宗教图腾等都织在了黎锦上。自然环境中的日月星辰、风云雷电、山川流水,青蛙、麻雀、水牛、鸡狗、龟蛇,生活中的锅碗瓢盆等,在黎族妇女的巧手中,都是信手拈来的图案素材。据考证,黎锦的花纹图案首选的是根据生活环境、地理环境中所见到的自然形象,加工变形而成。根据生活的地域环境不同,图案也有所不同。居住在深山地区的黎族多喜欢用水鹿、鸟兽、彩蝶、蜜蜂、小爬虫、木棉花、泥嫩花、龙骨花等作为图案模本。而聚居在平原地区的黎族则喜欢以江河中的鱼、虾、青蛙和田间里的鹭鸶等动物作为织锦图案素材。

黎族妇女选用多种野生和培植的植物制成染料,将棉纱线染成红、黄、黑、蓝、青等色彩,在织锦时,自然万物的图案就出现在黎锦上。黎锦记录了黎族各地区的文化原生态,表现了黎族的生产活动和民俗风情——从刀耕火种到狩猎捕鱼,从男耕女织到喜庆丰收,从迎新娶亲到节日庆典。不少黎锦图案还形象地表现了黎族民间传说,比如《大力神的传说》《三月三的传说》《鹿回头》《甘工鸟》《七仙女的传说》《槟榔的传说》等。黎族民间的歌舞和器乐在黎锦中也都有表现,可以说每一幅黎锦都是一个故事、一首歌。

黎锦图案(彩图2)有几何纹、方块纹、梯田纹、房屋纹、竹条纹、水波纹、牛鹿纹、山形纹、龙凤纹、青蛙纹、鱼虾纹、人舞纹、汉字纹等。黎锦是织布艺术中的民族史诗,极富东方神秘文化的色彩。黎锦记录了黎族各地区的文化原生态,表现了黎族的生产活动和民俗风情。

(四)土家族

土家族织锦叫做西兰卡普。西兰卡普图案艺术造型的可视性,使它成为民间文化中最直观和普及的形式之一。西兰卡普定型的传统图案有120余种,加上现代风情图案和创新图案约有200余种,但能够织出的传统图案只有80余种。

具有独特民族风格和浓厚乡土气息的西兰卡普源于土家人最基本的生产、生活方式,并与土家族人长期生活的大山有关,题材多受山地生活环境的影响。归纳起来图案题材有自然万物、各种风俗、神话传说、几何图形、原始象形文字、生活用具六类,现在又有更多的现代题材表现的图案品种。

取自于大自然植物花卉为题材的图案有小白梅花、大白梅花、九朵梅花、岩蔷花、梭罗花、藤藤花、韭菜花、荷叶花、牡丹花、刺梨花等;其中九朵梅图案,是以山区傲雪的梅花为主,将主题纹样九朵梅斜向排列,用连万字边为结构,以红色为主调,示意吉祥和喜庆。

以动物为题材的图案有阳雀花、猫脚迹花、马必花、燕子花、猴面花、蝴蝶花、螃蟹花、虎皮花等。如马必花图案,是以马的造型为主体纹样的锦面,图形生动地表现了骏马来回奔跑的动势;另外还有猴子花、野鸡花、锦鸡花、大蛇花、小蛇花等,这些都是来自于古老山区常见的动物。

取自于生活中和以表现生活用具为题材的图案,桌子花、椅子花、大王章盖花、粑粑架花、桶盖花、梭子花等生动有趣,丰富的素材赋予土家人丰富的想象力与表现力,也赋予西兰卡普更加深刻的内容和大山的原野气息。

有反映民情风俗和民间故事传说为题材的图案,如迎亲图、老鼠嫁女图、白果花图(西兰卡普传说故事)等。

以文字为题材的图案常见的有万字花、王字花、喜字花等。用几何造型象征吉祥如意的有单八勾花、双八勾花、二十四勾花、四十八勾花、万字格花等。

现代题材的图案受汉族刺绣的影响,有野鹿衔花、双凤朝阳、狮子滚绣球、鲤鱼跳龙门、十二生肖、蝴蝶戏牡丹,以及以土家山寨秀丽山川、丰富的文化生活为题材的图案:月是故乡明、土家风光、土家风情、毛古斯、摆手舞、土家女儿会、赶场归来、姐妹情、土家少女等。西兰卡普来源于土家族人生活行为和她们的想象,题材多受山地生活影响(彩图3)。

（五）藏族

藏族的图案是以唐卡为代表。唐卡按制作方法可分为:布面唐卡(是先将白布绷在木框上,涂上一层胶质白灰,再用滑石磨平,然后勾勒作画)、刺绣唐卡(是用各色丝线绣成,凡山水、人物、花卉、翎毛、亭台、楼阁等均可作刺绣题材)、织锦唐卡(是以缎纹为地,用数色之丝为纬,间错提花而织造)、贴花唐卡(是用各色彩缎,剪裁成各种人物和图形,粘贴在织物上,故又称"堆绣")、缂丝唐卡(是用通经断纬的方法,用各色纬线仅于图案花纹需要处与经丝交织,视之如雕楼之象,风貌典雅,富有立体装饰效果)。西藏的织物唐卡多是内地特制的,其中尤以明代永乐、成化年间传到西藏的为多,后来西藏本地也能生产刺绣和贴花一类的织物唐卡了。

西藏唐卡(彩图4)一般是在宽约60cm、长约90cm的画幅中心位置画一尊大佛像,称为主尊像,而把一段故事,从唐卡的左上角(绝大部分如此)开始围绕主尊像,顺时针布满一圈,每轴画一般都是一个比较完整的故事。主尊像对分布在他周围的故事内容来说,在一定程度上起着提纲挈领的作用。由于画心安排了主尊像,其周围的空间大小、形状都很不一致。靠近主尊像的地方,其轮廓更不规则,这就要求故事的每一个画面构图必须是因地制宜的。

　　唐卡在区分不同情节的构图场面时,巧妙地利用了寺庙、宫宛、建筑、山石、云、树等,或用截然不同的色彩,作为相互分隔和联结的手段。虽然每个构图的形状、大小都不相同,但看上去仍能一目了然。这些景物,除了区分构图的作用外,在很多情况下,经常被安排为故事人物的活动环境,所以,它们本身又形成了一幅幅各具特色的风景画。这是西藏唐卡区分画幅的重要特点。在每一个具体场面的构图里,有时往往把一件事情的几个不同发展阶段安排在一起,不受时间和地点关系的限制,即在同一构图里,不但表现人物活动的某个典型情节,而且还表现了这个情节发展的连续过程。这是一种“动画”式的艺术处理手法,在西藏唐卡中经常可以碰到使用这一独特的构图结构形式。

　　小中见大是西藏唐卡艺术处理上的又一个突出特点。乍一看,西藏唐卡中的每一轴画,主尊像是最突出的。但如果把视线转入故事内容部分,人们就会被那种气势宏伟的场面、生动逼真的人物和景色、流畅的线条以及富丽和谐的色彩所吸引。虽然故事中的人物多在5cm以内,显得矮小,然而观赏者情不自禁地和他们站到了一处,这时,主尊像倒似乎是视而不见了。

　　唐卡所反映的内容涉猎面广,囊括了藏传佛教宗教活动中的人物头像、故事片断,并把万里高原的风情习俗、水光山色,尽收卷内。唐卡画面展现的各类人物形象,都切合历史和地区的实际,没有千篇一律的概念化痕迹。从笔者所目睹过的唐卡看,西藏画师要构思数以千计的不同场面,描绘数以万计的人物,还要做到山川有别,建筑各异,风土民俗迥然不同,即使一时一地也有僧俗官僚百姓之分,耕耘畜牧,百工杂技,诸方仪礼,甚至刀戎甲胄,法鼓锣号,都要精心构图,充分显示了藏族画师技艺高超地反映生活的现实主义创作态度。

　　西藏唐卡除构图、艺术处理上的这些特点外,在着色、勾线、晕染、用金等方面也有长处。它们一般是以青绿色画山石、树木、天空和地面。人物、建筑及大面积的主尊像则施以红黄暖调。这种色彩对比,以及冷暖色交织所产生的色彩对照关系,使整个画面既富丽协调,又层次分明,具有很强的装饰色彩效果。藏族画师不仅注意画面的整体效果,对形象细部的刻画也极下工夫。例如每轴画面的山石、花木以及人物服饰都用同类色晕染出深浅明暗,使之有层次感。西藏唐卡的晕染技巧是很高超的,最细密之处,像麦粒大小的叶片,都要晕染出明暗、向背;对行云流水更是晕染得流畅自然,没有丝毫滞涩之感。线描是西藏传统绘画的基本手段,因此,线描在西藏古代绘画中曾达到很高的水平。唐卡大多数采用金线勾勒人物,景物则是用富于变化的粗细线条勾描的。所以,画面上的每一个重点,都能得到应有的突出。唐卡中用金的地方很多,不论主尊像,还是周围故事画里的人物服饰,大多用金线勾描。建筑、树、石也往往用金线、金点加以装饰。藏族画师非常善于用金,他们经常用赤金铺底,尔后再用黄金描绘花纹,借以增加金色的层闪。藏族画师对金的质量要求很严格,所用金粉都是纯金,并且要亲自加工研磨。先干磨,再逐渐加入胶水进行水磨。为了增加描金部分的亮度,还要用一种叫做“猫眼石”的石头在施金的部位反复摩擦。由于采用分色勾线和分色描金,色线加强了上色晕染后的形体轮廓,金线、金点则光彩夺目,形成整轴画面装饰性很强且非常富丽的艺术风格。

二、世界民族图案

(一)佩兹利图案(图2-2)

在我国,佩兹利图案被称为火腿图案,而在日本有人把它称作勾玉或曲玉图案,非洲也有人把它称作芒果或腰果花样,不同地区都是根据与图案相似的当地常见物种形态而得名。

佩兹利图案发祥于克什米尔,因此又被称为克什米尔图案。佩兹利图案据说源于印度对生命之树的信仰。国外很多专家和学者对于图案的象征与寓意进行了广泛的研究,有的认为其是圣树菩提树叶子的造型,有的则认为是受松球或无花果断面的启发而产生的。

起初,克什米尔人把这种图案用提花或色织的形式表现在纺织物上,更多地用于克什米尔毛织的披肩上。伊斯兰教把这种图案当作幸福美好的象征。18世纪初期,苏格兰西南部小城佩兹利的毛织行业采用大机器生产的方式,大量使用这种图案并织成羊毛披肩、头巾、围巾销售到世界各地,世人因此误将克什米尔图案称之为佩兹利图案。由于佩兹利图案都是用涡线构成,故而又被称作佩兹利涡旋图案。这种图案很早就在西亚与欧洲广泛地运用了,因此有些国外专家认为它起源于土耳其。

佩兹利图案是一种适应性很强的民族图案。最初常常是用深暗的色彩通过机织或刺绣的方法表现于羊毛织物上。自从被移植到印花织物后,它的表现手法更加丰富多彩了。设计师们时而用密集的涡线处理图案,时而用平涂色块处理;时而把用线条组成的松球再排列成美丽的图案,时而又用纤细的小花组成松球图案;时而用错落有致的纯松球图案,时而将其穿插于各种复合图案之中;时而把它排列成裙边图案,时而又把它组成角花图案,真是变化万千。在配色的运用上也极为丰富,可以配深色的,也可以配浅色的;可以是灰暗的,也可以是明朗的,或单色或多彩的……

20世纪末,繁复变得美妙无比,隽美而蕴涵智慧的复古思潮冲击了整个西方世界,使各种古典的纺织品图案持续流行。佩兹利图案因它最适合于表现古典、华贵的形式而成为最受欢迎的纺织品图案之一。

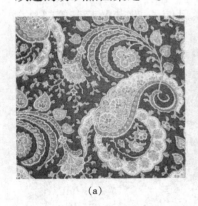　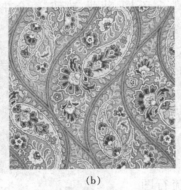　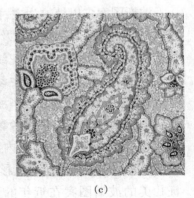

(a)　　　　　　　(b)　　　　　　　(c)

图2-2　形式多变的佩兹利图案

(二)波斯图案(图2-3)

要研究波斯图案,就必须对波斯的萨珊王朝(公元226～642年)加以研究。萨珊王朝时期,波斯无论在丝绸织物方面或在工艺美术方面都得到了高度的发展,织物的图案也得到了

(a)

(b)

图2-3 带有浓烈的伊斯兰教风格的精美华丽的波斯图案

系统、完美的发展。当时,波斯正位于东西方交通的要冲,由于与中国交往密切,波斯在织物图案中吸取了许多中国图案的长处,而波斯图案又对东西方的图案带来极为深刻的影响,以至意大利、土耳其等国的丝绸织物与地毯的图案基本上都是采用波斯的图案。波斯图案比中国和印度图案对欧洲图案的影响要深远得多,甚至至今仍然有着强大的生命力。

波斯图案区别于其他图案的最大特点是其在排列骨式上的特殊性。波斯图案在排列的骨式上一般有三种:第一种是采用波形连缀式的骨式;第二种是圆形连续的骨式;第三种是在区划性的框架中安排对称的图案,这种排列起初是为了适应织机条件而设计的。

在波斯图案中,很大一部分采用波形连缀式的骨式,图案左右相反,交错处理,以琉璃形的线条来表现连续的画面,在琉璃的曲线骨架中嵌入了蔷薇、玫瑰、百合等图案。直至今天,这种传统的排列仍是典型的波斯图案的代表。圆形连续的排列一般被称作"联珠纹"、"球路纹"或"二连壁纹"。据说,这种联珠象征着太阳、世界、丰硕的谷物、生命和佛教的念珠。联珠图案是在圆形的结构外边用联珠围成圆框, 在连续的连珠纹中嵌入象征着威武的狮子、雄鹿、鹰、犬以及各种花鸟图案,构图缜密、结构严谨。联珠纹对我国唐代图案的影响十分深远,唐代出现的联珠对鸭纹锦、联珠对鸡纹锦、联珠熊头纹锦、联珠鹿纹锦等都是吸收了波斯图案的风格而产生的。另一种在区划形的框架内,人物或鸟兽夹着一株左右对称的生命之树,树木选择了垂直的线条,从而给造型带来了安定感和和谐感。

波斯图案多以植物为主,椰子、石榴、菠萝、玫瑰、百合花、风信子、菖蒲及蔷薇等都是主要题材。图案都采用图案化及变形与写实相结合的处理方法, 花纹繁缛,繁而不乱,线条流畅,形象生动,宾主呼应,构图生趣精巧,敷色华丽高雅。波斯图案带有浓烈的伊斯兰教风格,现代设计师常常在清真寺内的壁画或室内装饰中寻找主题与色彩。精微且壮美的波斯图案在近年的流行图案中扮演着十分重要的角色。

(三)印度图案(图2-4)

对生命树的崇拜,繁缛精致、变化多端的线条,含蓄、典雅而强烈的色

(a)

(b)　　　　　　　　　　　　　(c)

(d)

图2-4　印度图案

彩,对比强烈、独具韵味和律动的造型,是印度图案能够持续影响世界纺织品装饰的重要原因。

　　印度是世界文明古国之一,印度大约在公元前5000年已经有了棉花的纺织,丝织业也发展得较早,曾产出世界著名的达卡薄洋纱以及金银线织成的金考伯、多重锦。据英国美术研究者贝加考证,印度的印花布大约起源于公元前400年左右,公元前300年已经能生产精美的印花织物麦斯林薄纱。古代印度一直是印花技术比较全面的国家,除了扎染、蜡染等印花技术外,很早就有木板凸版印花与铜版印花,这就大大地丰富了印度的织物图案。16~19世纪,印度的印花布有了很大的发展,并且成为欧洲初期印花业的样板。15、16世纪,印度花布在欧洲极为流行,打击了传统的欧洲丝织业,甚至引起了欧洲的经济危机。印度的传统图案对欧

19

洲和世界图案有着持久的深远影响,印度图案以其富丽凝重、精美纤丽而经常出现在世界流行花样之林。

典型的印度传统图案大约有两大分支:一种是起源于对生命之树的信仰,另一种则是出于印度教故事与传说。前一种多取材于植物图案,如石榴、百合、菠萝、蔷薇、风信子、椰子、玫瑰和菖蒲等。这些题材经过高度的提炼和概括使之图案化,再用卷枝或折枝的形式把图案连续起来。印度北部的克什米尔披肩主要以松叶与松果为主题,以漩涡形的造型使图案产生活泼多变的效果,后来发展成佩兹利图案。后一种主题给印度图案带来浓烈的宗教色彩和明显的伊斯兰教装饰艺术风格。图案有着清晰的轮廓和强烈装饰性,在拱门形的框架结构中安排代表生命之树的丝杉树和印度教传统的人物故事以及动物形象,有稳定对称的效果。松叶和松果也是构成印度图案的主要元素一。

历史上由于亚历山大与阿拉伯人的入侵,印度图案受到了阿拉伯图案与波斯图案十分深刻的影响,因此,至今的印度图案仍能看到波斯图案中左右对称和交错排列的余绪。传统的印度图案以土耳其红、靛蓝、米黄、棕色和黑色为主要色彩。

第二节　古典图案

一、纹章图案(图2-5)

纹章图案最早始于中古时期的英国。古代欧洲人常常用纹章来作为一个家族、团体、城镇、学校或企业等的一种图案标志。这种标志常常象征这一集团的权力、生命力和集团间的关系。所以鹰的形象在纹章中的出现是屡见不鲜的,于是具有鹰的形象的纹章被称作"Eagle"。15世纪,欧洲佛朗达斯地方把这种纹章移用到印花的麻布上。后来他们将带有各种象征性图案的盾牌再配上一些植物与动物的图案,使这种图案不仅是纹章图案,而且成了复合图案。20世纪70年代,这种图案得到了很大的发展,并成为当时的流行花样。设计师们把纹章与戴着各种古代欧洲盔甲的武士、古代的兵器或动植物图案结合在一起,仿佛在诉说一段

(a)

(b)

(c)

图2-5　纹章图案

长长的历史故事。这种图案常常用多色钢笔勾线或用少套色铜版画技法来表现，图案细致严谨、穿插生动、宾主呼应。80年代初，很多地区的男式T恤采用这种图案。

二、朱伊图案（图2-6）

16世纪，欧洲航海家从东方带回了印度花布。在印度花布的影响下，1648年，作为东西方贸易门户的马赛开设了西欧第一家棉布印染工场。印花棉布的结实、耐洗、价廉物美很快得到了人们的普遍喜爱。1760年，德国人Oberkampf Mill（奥贝尔·康普，1738~1815年）在巴黎附近小镇朱伊开设了一家棉布印染工场，其美丽精致的花布立刻把人们吸引住了。由于朱伊镇靠近凡尔赛宫，王妃贵妇们纷纷到朱伊镇争购印花布。1783年，Oberkampf的工场被授名为"王立工场"，朱伊镇很快成了欧洲染织中心和法兰西经济与文化的象征。Oberkampf工场生产的印花布被称为"朱伊花布"。

(a)　　　　　　　(b)

Oberkampf工场成功的主要原因：其一是进行了技术上的改革，用铜版印花取代了木版印花，1797年又开发了铜辊印花；其二是聘请当时的一些著名画家为工场设计，开创了新型的花布图案。在图案设计中充分发挥了铜版印花精致细腻的特点，摆脱了欧洲印花绢丝花样一味对印度图案的模仿。运用西洋绘画中的透视原理与铜版蚀刻画的技法来表现印花图案，是朱伊花布的首创。图案主要采用两种题材：一是用单色的配景画，主要以南部法兰西田

(c)

图2-6　富丽凝重、雍容华贵的朱伊图案

园风景为主题，有时还穿插一些富有幻想色彩的描写中国风俗和风景的题材；二是在椭圆形缘饰内配以西洋风格的人物或希腊、罗马神话及传说中的神和动物等具有古典主义风格的图案。这种具有独创风格的图案被称为朱伊图案，其图案富丽凝重、雍容华贵，曾经风靡整个欧洲，20世纪60年代在世界范围内再度流行，目前在欧美国家仍受许多消费者的喜爱。

三、巴洛克图案（图2-7）

巴洛克风格产生的时代背景是自然科学的发展和对新世界的探索，中产阶级的兴起和中央君主专制集权的加强，宗教改革运动的起伏斗争。巴洛克风格的艺术具有气势雄伟、生机勃勃、强烈奔放的特征，同时洋溢着庄严高贵、豪华壮观的气韵，在表现形式上打破了各种旧艺术风格的常规。它被18世纪末新古典主义理论家用来嘲笑17世纪意大利盛行的一种奇异的艺术或文学风格，认为它完全背离了现实生活和古典传统，于是巴洛克作为一种艺术风格的名称，后为史学界所沿用，不仅指文艺复兴之后的意大利艺术发展的一个阶段，也包括17世纪整个欧洲的艺术。

巴洛克艺术的重要成就反映在教堂和宫殿的建筑和装饰上，它所追求的是把建筑、雕刻和绘画结合成一个完美的艺术整体。在这样的大环境中，巴洛克的工艺美术主流是围绕建筑而兴盛的染织工艺、木工艺和玻璃工艺等。在整个17世纪，它们都在充分利用文艺复兴工艺美术成果的基础上获得新的发展。

16世纪末，天主教教会"多伦多会议"决议指明把罗马装饰成"永恒的都市""宗教的首都"。于是大规模的装饰计划开始了，巴洛克风格成为这次装饰计划的楷模，教皇尤利乌斯亲自参加这项计划。这一风格席卷了整个欧洲，持续整整一个世纪，所以有人把整个17世纪的美术称之为巴洛克时期。后来这种风格一直深入欧洲所有的文艺领域而出现了"巴洛克文学"、"巴洛克音乐"等。

17世纪这一艺术风格在法国发展到顶峰，所以又被称为"路易十四样式"。在路易十三与路易十四时期，法国国力鼎盛，成为欧洲的霸主，巴洛克的豪华、奢美正好符合他们的需要。为了适应这种富丽的宫廷装饰，法国宫廷服装也出现了娇饰、浮华、夸张的巴洛克风格。以往以统一、调和为标准的审美观逐渐瓦解，代之而起的是极度装饰，过多的边饰、繁复的褶皱及富有动感的波形。

图2-7　巴洛克图案

巴洛克图案的最大特点就是贝壳形与海豚尾巴形曲线的应用。后期的巴洛克图案采用莲、棕榈树叶的古典图案，古罗马柱头莨苕叶形的装饰，贝壳曲线与海豚尾巴形的曲线，抽纱边饰、拱门形彩牌坊等形体的相互组合。后来，巴洛克图案的异国情调显得越来越明显了，特别是中国风味的注入，中国的亭台楼阁、仙女、山水风景以及流畅的植物线条、曲线形和反曲线状茎蔓的相互结合，使其图案逐渐向洛可可图案演变。

巴洛克时期工艺美术在西方工艺美术史中起到了承前启后的作用，它是洛可可风格工艺美术的一个声势浩大的前奏，是向欧洲近代工艺美术过渡的重要标志。

四、洛可可图案（图2-8）

洛可可风格的特点是具有纤细、轻巧、华丽和繁缛的装饰性，多用C形、S形和涡卷形的曲线和艳丽的色彩作装饰构成。这种风格虽然起源于法国宫殿，但由于吻合了王公贵族们的审美需要，于是很快就在18世纪的欧洲诸国宫殿中盛行起来。

洛可可艺术风格的形成主要有这样几个因素：首先从社会背景来看，18世纪中期，法国的工商业获得了大力发展，已成为当时除英国以外欧洲最发达的国家。社会经济条件和物质生活的进步，为洛可可的发展奠定了基础，王公贵族穷奢极欲，在法国到处建起了华丽的宫殿，而其内部的装饰则一反巴洛克的豪华壮观，体现了宫廷女权高涨时的特点，即注重繁缛精致、纤细秀美的装饰效果。这时路易十四时期的一切规范已被抛弃，新的艺术风格获得了广泛发展的社会条件。

其次就装饰艺术自身的规律而言，洛可可风格的形式实际上是巴洛克艺术刻意修饰而走向极端的必然结果，晚期的巴洛克艺术已经在某些方面呈现出洛可可艺术的端倪。尤其是在整个欧洲工艺美术中，巴洛克和洛可可既有时间上的先后继承，也有十分相同的宫廷艺术的一致性。

(a)

(b)

图2-8 洛可可图案

另外,18世纪的欧洲普遍受到东方艺术的强烈冲击,在洛可可艺术风格的特征中洋溢着东方特别是中国情调,陶瓷工艺、染织工艺、木工艺及金属工艺等无不如此。因此,在欧洲,洛可可风格又被称作"中国装饰"。中国的亭台楼阁、秋千仕女、工笔画的花鸟风月,扇子、屏风、青铜等古董,中国传统图案中的龙、凤、狮子等大量题材出现在印花织物图案中,而中国的刺绣品对后来的洛可可产生了更大的影响。

洛可可艺术最重要的特点之一就是注重装饰性的表现,工艺美术无疑得天独厚。尽管洛可可时期工艺美术的宫廷性质使它带有审美价值和艺术品位的缺陷而瑕瑜互见,但它足可与巴洛克工艺美术一起被认为是欧洲工艺美术发展史中继古希腊、罗马以后的又一个黄金时期。

洛可可时期染织工艺的中心是法国,此时的法国织锦工艺在巴洛克的基础上出现了历史的高峰。高档家具的衬垫、室内壁毯和服饰对织锦需求量很大。法国18世纪染织工艺的时代特点较为明显地反映在纹样的变更上。在18世纪初染织品的纹样还基本上保持着巴洛克时期的特点,从18世纪30年代开始,洛可可式的染织纹样大体形成。它的特点是,对自然的植物纹样的表现、在构成上对非对称性的处理以及更多地表现出了绘画性的特点。18世纪四五十年代出现了方形连续纹、蛇纹和贝壳纹等,特别是带有情节性的人物风情题材,显示了洛可可绘画艺术对染织纹样的影响。

洛可可时期工艺美术的成就不仅为欧洲工艺美术增添了辉煌的一页,而且也为世界工艺美术史谱写了灿烂的篇章。它在工艺美术技巧上的突破和制作技艺上的精湛,将工艺美术的水平提高到了一个崭新的阶段。洛可可风格在法国持续了整整一个多世纪,波及整个欧洲大陆,其形式美的观念与装饰美术手法,至今仍给予艺术创造以启示。

第三节　现代图案

一、点彩图案（彩图5）

点是装饰艺术中一种常见的手法。通过修拉色彩神奇地创造,普通的点会变得宛如斑驳的阳光或飞舞的光点的一种协奏,成为色与光的神话。

1886年,法国画家修拉及其追随者西涅克、毕沙罗父子等印象派画家在第八届印象派美术展览会上展出了斑斓触目的点彩画作品。展品一出现就在印象派内外引起了激烈的争论。由于他们新奇的、不同于早期印象派的独特风格而被称为新印象派。他们将自然中存在的色彩分解,用排列有序的短小的点状笔触,像镶嵌那样在画面上以并列的技法作圆,被称为点彩派。

点彩派是印象派外光艺术发展的产物,他们把印象派的画法与现代科学的成果结合起来,自称为科学印象派。他们把绘画的笔触点画条理化,分解成为平面的色素,排列成为方圆大小相似的、呈水平或垂直方向的点块形的轮廓,成为既变形又夸张的程式化图案。他们认为调和的颜色会破坏色彩的力量,从而把色域的表现变成色点的表现,追求简略化和再加工的镶嵌形式。

点彩派美术出现后,很快被运用到印花织物图案的设计中,并且作为最早的现代图案经常出现周期性流行。点彩图案对于印花设备的适应性是其他织物图案所无可比拟的，它可以适应任何机械设备和手工工艺的加工。其实早在汉唐时期，我国已经有采用点来处理图案的方法了，在已出土的汉代丝织物中有一种叫泥金印花纱的图案就是由金色与朱红色小圆点组成的。点彩图案还被称为新印象派图案、点画图案、点子花图案等，现代不仅多用于纺织品的印花图案中，而且在织花图案中同样显现出其无穷的魅力。

二、欧普图案（图2-9）

在现代印花纺织产品中，一些以黑白或单色几何形构成的图案总能给人耳目一新的感觉。这些令视觉产生刺激、冲动、幻觉的图案，常常被称为欧普图案。欧普图案在西方被称为OP'Design，是Optical Design的缩写，可译作"光幻图案""错视图案"或"视幻图案"，又被称为"幻觉图案""原子信号波图案"等。

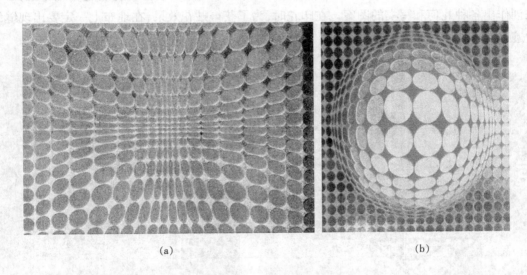

(a)　　　　　　　　　　　　　　　　(b)

图2-9　令视觉产生刺激、冲动、幻觉的欧普图案

在科学技术高度发达的资本主义国家，许多年轻的艺术家主张科学技术与艺术的结合。1963年起，以纽约画坛为中心展开了运用几何学错视原理的美术运动。继而1965年春在纽约现代美术馆举办了名为"感应视力"的光学美术展览会。自此，这种光学美术的地位与声誉大震，被欧美、日本等国迅速、广泛地运用到工艺美术、商业美术以及建筑、电视等领域。1966年起开始运用到织物印花图案的设计中来，并很快在世界范围内流行起来。

欧普图案是利用几何学的错视原理（对比错视、分割错视、方向错视与逆转错视），把几何图形（直线、曲线、圆、大小的点、三角形、正方形等），用周期性结构（简单几何体的大小组合和重复）、交替性结构（循环结构的突然中断）、余像的连续运动、光的发射和散布，以及线与色的波状交叠、色的层次接续或并叠对比等手法，使视网膜引起刺激、冲动、振荡而产生视觉错误和各种幻象，造成画面上的律动、震颤、放射、涡旋及色彩变幻等效果。这一画派的代表有德国出生的美国画家约瑟夫·艾伯斯（Josef Albers）和原籍为匈牙利的法国画家维克多·瓦萨尔利（Victor Vasarely）。日本的一些图案专家认为古代日本就已经懂得采用类似手法运用于和服图案。欧普美术与其称之为绘画，不如称其为图案，每幅欧普美术作品本身就是一幅完整的染织图案。欧普图案一般采用较少的色彩来表现复杂的画面，黑色在画中起着十分重要的作用。欧普图案的纺织品深受都市新兴贵族的喜爱。

三、补丁图案（图2-10）

补丁图案也称布丁图案，其形式类似于我国的"百衲衣"或"百家衣"的图形。补丁图案起源于18~19世纪美国妇女缝制的美国绗缝制品。传统的补丁绗缝制品是将不同的小块印花布缝制在一起，并以此来形成漂亮的几何、写实或无规则的图案。为了获得传统的补丁效果，图案的每个块面必须做相拼的趣味，采用自由的构图和特定的印花技术能获得这一效果。另一种补丁图案技术，称之为贴花技术，即将花型裁剪下来后用缝纫方法将它缝在地布上，以此来创作出各种几何和写实的图案。在印花时，为了获得贴花效果，在地布上一定要出现缝纫针迹。

(a)   (b)

图2-10　补丁图案

补丁图案有美国传统花型，也有亚洲、非洲及其他民族的传统花型等，其色彩通常是鲜艳色，但柔和的色彩也经常配合使用。图案的尺寸可大可小，小型图案用于服饰，并可结合大型图案用于家用纺织品，中国补丁图案的家用纺织品曾很受欧美国家的欢迎。

第四节 卡通图案

从家用纺织品中,我们发现无论是新生婴儿还是新婚夫妇抑或古稀老人,每一个群体都蕴藏着不小的消费空间。目前我国婴幼儿用品市场进入高速发展期,婴幼儿用品消费以每年17%的速度递增,远远高于同期社会商品零售的增幅。随着产品的逐步深度开发,这个市场的规模将有望得到进一步拓展,婴幼儿家纺尤其是床上用品之所以能成为人们关注的焦点,成为父母不惜一掷千金购买的目标,其中重要原因是儿童纺织品不再仅仅是生活必需品,它的功能正在被逐步提升,充斥其中的除了关爱之外,还拥有父母对孩子美好未来的期望和展望。而婴幼儿纺织品图案的时尚元素更加丰富,它甚至不受现实生活元素的限制,婴幼儿纺织品图案的设计是最自由的,可以写实也可以是现实的变形。虽然在他们的生活中并没有这些东西的存在,但几乎所有的孩子们都是在自己的想象中一点一点地认知生活的。所以,对于婴幼儿来说时尚就是他们故事里的一个个熟悉的卡通人物,对于父母来说那些就是加入了启发儿童智力的设计。孩子们的世界总少不了童话故事的陪伴,女孩梦想着成为漂亮可爱的小公主,而男孩幻想着有一天成为超级赛车手或是英勇的机械战士。无论梦想着什么,快乐始终是孩子最需要的,无忧无虑的童年生活,在一个属于自己的小天地里度过快乐时光,是每个孩子心中的愿望。而卡通的诞生是作为童话的一种生动的表现形式,它简单、明了、轻松、活泼,它最忠实的观众群自然也是孩子,出于这一点,它被广泛运用到了纺织品上。

从商业运作上讲,在纺织品上运用卡通图案是一种很有效的营销手段,孩子会因喜爱卡通中的人物而购买,同样也会因为有了绘有卡通人物的纺织品而想去了解关于它的故事,这样卡通人物也会深入人心,这是一个相辅相成、循序渐进的过程。这个过程则为儿童图案设计注入了生命。所谓的生命,指的是在卡通中有着丰富性格特征的、鲜活的卡通人物。像迪士尼公司的代言形象可爱的米老鼠和憨厚的唐老鸭,美国动画片的主角狮子王,日本动画片里的卡通少女、机器人等形象,它们都有各自的特点,属于不同的童话空间,在童话里有着不同的经历。尽管他们出自不同的创作人,甚至来自不同的国家,但他们也有着极其相似的性格共性,那就是善良、正直、勇敢、重视朋友、站在正义的立场上,最后得到成功,或者他们有着强烈的求知欲望。这很显然体现了人们对真、善、美的呼唤。把这些放在儿童纺织品图案设计上则是儿童明辨是非的一种引导,卡通图案在这里也不仅仅只是一个单纯的装饰图案,它代表一个鲜活的生命,一个动人的故事。可以说卡通图案为儿童纺织品注入了生命。因此在儿童纺织品图案的设计方面,首先考虑的应是外观的可爱活泼,色彩的鲜艳。

根据儿童成长的三大阶段,以及男孩、女孩的不同喜好,适龄适性地使用恰当的颜色,运用不同的花色、图案组合满足市场需求,为儿童纺织品添姿添彩,也为孩子的梦想着色。

对颜色已逐渐具有分辨能力的新生婴儿而言,使用淡粉色系营造愉悦的环境,给予婴儿视力发展良好的刺激。

学龄前儿童,对色彩的敏感超出大人的想象,此时可以用鲜艳的色彩,激发孩子丰富的想象力。

　　青少年时期的孩子,对外界非常好奇、爱幻想,他们喜欢鲜艳强烈的色彩,以发挥他们的奇思妙想。男生活泼好动,女生文静乖巧,男孩子的色彩大多以蓝色、粉蓝色、绿色等为主,采用球体等男孩钟爱的卡通图案,使男孩的纺织品既可爱又具男性味;女孩子则较多地选用粉红、洋红、橙色等,采用花朵等女孩喜欢的卡通图案,使女孩的纺织品既趣致又具柔性美。为满足多种不同的需要,一个系列的纺织品会有更多不同颜色的选择。过去在儿童纺织品的选择上,认为只要是颜色鲜艳、图案活泼的就可以给任何孩子使用,但其实,纺织品的图案对儿童的成长是有影响的。如生性好动甚至有多动症的孩子,选择蓝色、紫色等冷色调以使之安静,而采用强烈、浓艳的暖色调则会产生相反的效果;个性张扬的孩子,可以以较素的纺织品来收敛他的情绪。图2-11所示为卡通图案。

(a)　　　　　　　　　　　　　　　　　　(b)

图2-11　蕴藏着少年儿童彩色梦的卡通图案

思考与练习

1. 中国民族图案对世界图案产生过哪些重大影响?
2. 简述中国民族图案在目前世界家用纺织品设计中的作用。

第三章　家用纺织品图案的设计定位与构思

━━━━●本章知识点●━━━━

1. 家纺图案的设计定位。
2. 家纺图案构思的过程和方法。
3. 如何构思家纺图案,使图案符合产品设计的要求;如何构思出有创意和特色的家纺图案。

第一节　图案设计定位

传统文化是各民族赖以生存的土壤,只有植根本土文化的设计,才能创造出绚丽的作品。中国家纺业经过一段时间对西方的盲目跟进,越来越多的家纺企业和家纺设计者最终认识到,遍及全国的模仿之风根本谈不上让产品设计和品牌建设全方位超越世界。其实,在20世纪90年代,一股创新热潮席卷中国大地,老一辈的家纺设计工作者竭尽全力地创造,为中国家纺事业的进步与发展奠定了坚实的基础。虽然因历史的原因造成了设计的断代,而且在新的时期,我国对西方设计文化研究得很不够,甚至对自己的设计文化研究得也很不足,但中国毕竟是有着深厚传统设计文化的国家,中国的传统设计文化是一座尚未被很好挖掘和开发的设计宝藏,在这方面我们应加大研究投入,打中国特色文化牌,将中国传统文化特色的设计打入国际高档家纺市场。当代世界的"中国热"伴随中国经济的持续高速增长将继续流行,西方设计师设计的中国题材、中国风格的纹样(图3-1)给了中国家纺设计师们有益的启迪。

"是民族的,就是世界的",对本民族传统设计艺术的研究与开发是我国现代设计文化的重要组成部分,也是我国现代家纺设计艺术逐步走向世界的希望所在。根据目前的有利条件和中国家纺行业的设计现状,可以考虑采用两条腿走路的方式,一方面紧追国际家纺时尚潮流,加强对世界家纺设计文化的研究,

图3-1　西方设计师设计中国风格的纹样

促进中国现代时尚家纺设计；另一方面应当加强对中国传统家纺设计文化的研究，设计开发出具有时代性和时尚性的，采用中国传统技艺制作的世界一流的家用纺织品，以促进中国家纺行业的发展。

家用纺织品的图案设计是一种较为复杂的创造性活动，需经过接受任务→确定目标→市场调查→设计方案→设计评价→工艺制作→效果分析等严格的程序性过程，才能确定新产品的生产，而其中目标的定位是重中之重，如果失去了目标，偏离了定位，那么这个图案设计得再漂亮，也只是徒劳的废纸一张。

一、消费群体目标定位

适应消费需求，就要研究消费心理和消费习惯。检验设计产品好与坏的标准，最终是消费者接受的程度。消费的欲望除了经济成本外，主要看心理成本，心理成本是一个变量，也是附加值高与低的体现。设计师如果埋头设计，连最起码的消费心理都不去研究，则无从抓住消费市场，也无从对消费群体进行准确定位。因此，家纺设计师必须充分意识到，引领消费需求，实现个性化、特色化，就要做好进行持续、长久的产品创新的思想准备。

家用纺织品是异质性很强的时尚类产品，消费群体的差异化使人们对个性化家用纺织品有比较强烈的需求。以婚庆家用纺织品为例，在传统意识中，既然是婚庆产品，当然是越喜庆越好。大红的被子、床单、枕头、窗帘、桌布、沙发的面料上印着、绣着、织着大朵夺目的鲜艳花朵，配上大红的地毯、灯罩、帷幔，穿着大红的旗袍，满屋贴上大红的剪纸装饰，甚至接新娘的婚车也一定是大红色的，上面挂满了大红的丝带与鲜花，车头的大红喜字格外耀眼，简直是红色的海洋，确实把中国式的喜庆表现得淋漓尽致。但大多数现代意识强的年轻人追求时尚、紧跟潮流、标新立异、张扬个性，婚庆正好是他们充分表达自己这种思想的绝好时机。白领一族崇尚西式生活，他们的婚庆房间，或采用欧式古典风格的提花家用纺织品来配合同类型的家具，卷涡纹、莨苕纹与沉稳的暖色营造出一种厚重、大气却又不失典雅、高贵的舒适空间；或让波普印花纹样反复出现在他们的床上、地上、桌上甚至墙上的软装饰产品及其他器物、家具上，时尚而艳丽的色彩结合另类的图案造型体现出强烈的现代风格与喜庆色彩；或将淡雅恬静、朦胧空灵、简约协调铺撒在家居的角角落落，平静的色彩和散满房间的几何纹样错落有致的排列组合，点睛之笔的艳丽靠垫、器物和公仔随意的摆放，诠释着主人婚庆的愉悦心情与都市情节。同是年轻人，都是婚庆产品，却因为不同的职业、不同的性格、不同的心理和不同的审美而做出了各种各样的选择。作为家纺设计师，只有认真用心走进人们的生活，才能满足消费者的需求。如图3-2所示为不同风格的婚庆家纺产品。

设计者还需深入考察、分析、研究各个不同年龄段消费者的需求。儿童有儿童的消费心理，他们活泼好动，对世界充满好奇，喜好对比鲜亮或柔而丰富的色彩，喜欢可爱、稚拙的形象和多变的款式造型。对他们来说像奥特曼、维尼小熊、小新、迷糊娃娃和绿豆蛙等勇敢、活泼、滑稽的卡通形象就是最佳首选。年轻人有年轻人的消费观念。他们站在家纺消费的前列，引领着家纺消费的潮流。怪异而变幻缤纷的波普类型、鲜亮而奇特的异域风格、民族加时尚的潮流走向，简约轻松的格调趋势，都在他们的家用纺织品中得到体现。中年人有中年人的

图3-2　不同风格的婚庆家纺产品

消费习惯。这个年龄段的人们事业有成,心理也相对成熟、稳定,对审美有了自己的既定模式,他们不再被周围的环境所左右,同时都市的繁华与喧嚣也让他们倍感疲惫。新鲜、写实的与概念化的植物形象有机组合,配合稳重自然的色彩,高贵华丽又温馨浪漫,让忙碌了一天的中年人回到家里即得到心绪的安定并获得愉悦的心情,配色高雅的彩色条格家用纺织品同样也能在这类人群的家居中起到相同的作用。老年人有老年人的消费需求,老年人注重健康,乐于亲近自然,足不出户却能走进树林、徜徉花间、漫步街头,是这类消费人群的企盼。高档次的织物、写实的花卉或风景、沉着的色彩以及精致的做工组成较高品位的家居环境,既彰显了使用者的身份,又满足了他们的心理需求。因此家用纺织品图案设计人员需要增强市场意识,不断深入了解消费者的心理需求,准确判定群体消费方向,紧紧抓住市场定位这个环节。

二、产品设计目标定位

图案的设计仅仅依靠上面的几方面是远远不够的,还需要考虑更多的因素,如产品涉及的国家、地区、民族、宗教、文化、风俗、气候、个人喜好等,同时在不同的历史时期,各种风格也在不断的演变和发展。

(一)地域性和民族性

中华民族文化在本土深受国人的重视,也深受世界的喜爱,中国风格的家用纺织品同样深受各国人民欢迎。但"中国风"图案却不是纯粹的中国传统纹样的照搬,它在中国传统纹样的基础上,大量揉进了当地文化,揉进了异域的情调,在国人看似古怪的拼凑风格或变种纹样,却被当地视为正宗的中国风格(图3-3)。因此,某个民族文化的东西,只有接受了当地文化的融入并被其采纳,才能真正得到更大的发展与推广。中国文化在日本的流行,印度文化在中国古代就得到普及并流行到现在,都是因为与当地文化进行了有机的融合才为人们所广泛接受,这一切都很直观地说明了这个问题。

图3-3 "中国风"图案揉进了当地文化和异域情调

(二)经典和普遍性

世界四大文明古国之一的中国有着十分优秀和深厚的文化底蕴,能够被发掘的东西很多,中国的汉字、青花瓷图案、补丁图案等广泛地用于国外的家纺产品上并深受消费者喜爱。同时一些经典的、流传极深远的纹样在不同的时期都会以不同的形式和风格广泛地流行一段时间,如200年前诞生于克什米尔的佩兹利纹样就经历了无数次的反复流行,而每一次流行,都会变得越来越精致,越来越富丽。

(三)个性化

纵观现代纺织品设计的发展过程,个性化的纺织品设计一直与艺术潮流有着千丝万缕的联系,几乎每一个时期的艺术潮流都形成了不同的纺织品图案设计风格,而艺术潮流的发展对纺织品个性化设计产生了巨大的推动作用。如19世纪末兴起的莫里斯图案和新艺术运动,形成了纺织品设计极具个性色彩的独特风格;20世纪中叶兴起的光效应图案也以其特殊的幻视风格风行于世界;野兽派的代表人物之一杜飞创造的杜飞花样,以洗练的笔触和平涂的色块加上粗犷的写意手法成为现代纺织品设计的主要风格之一。设计观念的改变和工艺技术的更新为个性化家纺开辟了新的途径,20世纪80年代国内兴起的独幅构图床品图案为家纺设计带来了一股新鲜的气息,成为当时流行一时的个性化设计观念。而21世纪初在丹麦某酒店的床品设计,颠覆了人们对酒店床品千篇一律的旧观念,创造出一系列独具个性艺术魅力设计的新观念。如图3-4所示为流行一时的个性化设计方案。

三、产品使用目标定位

从产品的使用目标着手,确定所设计产品的具体用途。比如说是卧室系列的图案设计还是客厅系列的图案设计,是家居系列的图案设计还是宾馆系列的图案设计,都要有明确的任务目标指向,其后根据这个定位,进行具体的市场调查和制订切实可行的设计方案。

在任务目标得到基本明确以后,经过详细的市场调查,接着就要确定面料图案的设计方向是印花、提花还是绣花或其他方式等:若这个设计采用印花式,则需考虑更适合平网印花还是圆网印花或是转移印花、数码喷绘印花;若采用提花式,则需考虑更适合大提花还是小提花;若采用

图3-4　个性化设计方案

绣花式,需考虑更适合手绣还是机绣。下面列举几个预定的设计方案。

(一)家居

1. 平网印花与绗缝结合的设计方案(图3-5)　图案为装饰性花卉,整体构图的形式,暖色

调为主调的色彩,体现厚重古典而时尚的风格,适合欧美市场及国内35岁以上年龄段人群。

装饰性的花卉纹样的组合构成,既迎合了流行趋势,也迎合了某一地区人群的喜好。暖色调的面料加上暖色调的印花,经过绗缝处理,呈现出高雅富丽的装饰效果。

2. 圆网印花与机绣结合的设计方案(图**3-6**) 写实性大花,满地花形式,暖色调为主调的色彩,体现异国情调的风格,适合欧洲市场及国内40岁以下人群。

满地的沉着、写实的粉红牡丹和淡黄、绯红的小花,恰似走进了鲜花盛开的后花园,机绣的洛可可纹样的床品边饰,犹如装饰精美的护栏围绕,现代风格流畅线条的构成把两者有机地结合在一起,柔和的暖色调透出浓浓的家的温馨。

(二)宾馆

1. 圆网印花与绗缝结合的室内配套设计方案 斜格纹样加上装饰性的植物叶纹样装点被盖,散点的装饰植物叶图案装点托单,形成A、B版的对比。

图3-5 平网印花与绗缝结合的设计方案

图3-6 圆网印花与机绣结合的设计方案

斜格纹样(图3-7)给人以稳定、安静的感受,装饰性叶纹打破相对规矩的画面,使稳定中呈现出活泼与生机,绗缝形成的起伏凸显床品的高档感,暖暖的黄调色彩给客人仿佛回到家的感觉。

2. 数码喷绘印花的室内配套设计方案(图**3-8**) 抽象、夸张的波普纹样,靓丽、醒目的

图3-7 斜格纹样　　　　　图3-8 数码喷绘印花的室内配套设计方案

色彩,简单的直线绗缝,体现出简洁与明朗的风格。大块的明亮色彩和抽象的造型,将自由与快乐充斥空间每一个角落。

第二节 图案构思的要求

图案的设计主要分为构思、整理、绘制三个阶段,构思是整个图案设计的重要内容,是图案效果好坏的前提。图案设计的创意、表现手法、画面处理、效果表达都要在这一阶段进行构思和准备。从素材到图案往往需要很多方面的构思准备,应充分发挥自己的想象力,开拓自己的思路,查阅相关的参考资料,选用恰当的表现手法,表达自己的创作灵感。

对于家用纺织品图案的构思来说,要有相应的对图案设计的要求。

一、家用纺织品的类型对家纺图案构思的要求

家纺图案的构思应围绕着家用纺织品的类型而展开。家用纺织品在类型上通常可分为家庭用和非家庭用两种。非家庭用纺织品中有办公用、军营用、医院用、宾馆用、旅游用等,范围非常广;家庭用纺织品就是传统意义上的产品,主要分为客厅类家用纺织品(图3-9)、卧室类家用纺织品(图3-10)、餐厨类家用纺织品(图3-11)、卫浴类家用纺织品(图3-12)。设计

图3-9 客厅类家用纺织品

图3-10 卧室类家用纺织品

图3-11 餐厨类家用纺织品

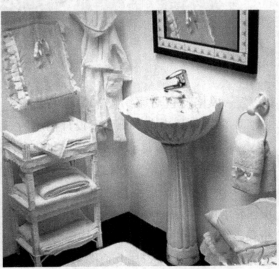

图3-12 卫浴类家用纺织品

的家用纺织品类型决定了家纺图案的类型、特点、表现手法等,对家纺图案的构思就必须围绕这种类型的家用纺织品来完成。如设计的家纺图案是应用在军营的宿舍中,那么在构思时就要考虑军营的特点,应该用整齐、简洁的图案,整体的色彩也应考虑部队特色,反映军人的性格和喜好。又如设计的家纺图案是应用在卫浴空间中的,那就要考虑在这个空间中的装修风格是欧式的还是中式的,是现代简洁型的还是传统型的,要根据这些来构思家纺图案的结构、色彩、风格、表现技法等,设计出既符合风格要求,又体现卫浴特点的家纺图案。

二、图案在家用纺织品上的运用部位对构思的影响

确定了家用纺织品的类型,尚不能正式开始家纺图案的构思,还应该了解图案应用在什么部位。同样是一件家用纺织品,图案应用在产品的中心位置还是边缘,图案应用在正面还是侧面都影响构思。比如一套床上用品中的被套,如果在中心应用,图案的构成形式应该用独立纹样或适合纹样,来体现独立、突出的感觉,形成视觉中心;如果应用在边缘则应该用二方连续纹样,适合四周,形成连续的感觉。如图3-13所示。

(a)   (b)

图3-13　图案在产品中的位置

三、风格特色对家纺图案构思的要求

风格特色是决定家纺图案设计构思的三大因素之一。产品的风格是对产品的造型、图案、色彩等全面的感觉。风格的分类非常多,按地域分有欧洲风格、美洲风格、亚洲风格等,也可以分为阿拉伯风格、东南亚风格、地中海风格、北欧风格等,还可以分为印度风格、希腊风格、中国风格等;按造型特色可分为古典风格、中性化风格、现代风格;按色彩感觉可分为艳丽风格、淡雅风格、朴实风格、黑白风格。按不同的条件可产生不同的风格分类,而不同的风格要求自然决定了家纺图案的构思方向。比如要设计现代风格的家用纺织品,在图案的构思上应选择简约型,可以用几何图案、抽象图案、肌理图案,也可以用概括点的花卉图案。再如设计中国风格的家用纺织品,在图案的构思上可以选各个历史时期或各个民族特色的纹样,

也可以选择吉祥纹样等。图3-14和图3-15分别是现代风格的家用纺织品和澳洲风格的家用纺织品。

图3-14　现代风格的家用纺织品　　　　图3-15　澳洲风格的家用纺织品

第三节　家用纺织品图案构思的方法

一、家纺图案构思的元素

家纺图案设计中的元素是设计的来源，是构思的开始。没有元素就无法进行其他方面的图案构思。图案的元素可以是现成的资料，也可以是自己创作的。

元素的来源非常广泛，大体可分为以下几种类型。

（一）人物元素

人物元素是指日常生活中各种不同年龄、不同性质、不同职业、不同民族的人，如图3-16所示。

（二）动物元素

动物元素是指大自然中的各类飞禽、走兽、鱼虫、贝壳等，图案设计上运用比较多的有蝴蝶、鱼、猫、猪、鸡等形态多变的图案，如图3-17所示。

（三）植物元素

植物元素是指花卉、草木、树叶、果实等，以及与人们生活有密切关系的蔬菜、瓜果等，是元素中形状最丰富，色彩最多变，应用最广泛的内容，如图3-18所示。

图3-16　以人物为元素的图案

图3-17　以动物为元素的图案

图3-18　以植物为元素的图案

(四)矿物元素

矿物元素是指形状色彩各异的矿物成分，如水晶、玛瑙、金、钻石、玉器等，如图3-19所示。

(五)风景元素

风景元素是指天空、大海、高山、森林、平原、湖泊等大自然的风景，如图3-20所示。

(六)器物元素

器物元素是指各种建筑、乐器、车船、工具、陶瓷、玻璃器皿等，如图3-21所示。

(七)天象元素

天象元素是指雷电、风云、雨雪、日月、星光、彩虹等，如图3-22所示。

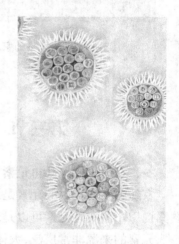

图3-19　以矿物为元素的图案

图3-20　以风景为元素的图案

图3-21　以器物为元素的图案

（八）文字元素

文字元素是指各国的古代、近代、现代创造的各种文字，如汉字、英文字、阿拉伯文字、拉丁文字、希腊文字等，如图3-23所示。

（九）几何元素

几何元素是指由点、线、面构成的特定的几何形。在现代的图案设计中应用非常广泛，如图3-24所示。

根据要求可以选择和创造相应的元素来作为图案构思的开始。如要求构思的是人文特色明显的家纺图案，那么我们可以选择文字素材来作为设计的元素，在文字素材中还有许多类型可以选用，假如选用中国文字作为素材，还可以考虑是用古代文字还是现代文字，是用简体文字还是繁体文字，是用宋体还是楷体或其他字体等。

图3-22　以天象为元素的图案

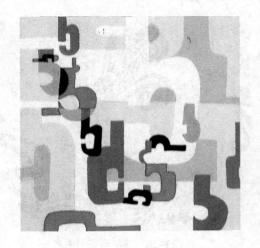

图3-23　以文字为元素的图案

图3-24　以几何为元素的图案

二、家纺图案构思的形态

家纺图案的形态一般可以分为具象形态和抽象形态。实际上抽象形态本身也是从许多具象形态演变而来，只是人们在视觉经验中缺乏体会而已。拿最基本的点、线、面来说，在抽象上讲只是一个点、一条线和一个面，在具象上讲其实一个点就是一个物品，可以是一个太阳，可以是一朵花，也可以是一件陶瓷品。一条线和一个面也是如此。如图3-25所示为抽象形态的图案。

具象形态是自然形态，是指未经提炼加工的原型，而从自然形态提炼、变化出来的形态就是抽象形态。具象形态和抽象形态都是艺术的形态特色,在家纺图案的构思中是应该有所区分和选择的。如图3-26所示为具象形态的图案。

在图案构思上是选用具象形态还是抽象形态可根据构思要求而定,这两者的选择比较简单,主要就看风格要求。具象形态的图案可适用多数风格的家用纺织品,而抽象形态的图案通常应用在现代风格的家用纺织品中。

图3-25　抽象形态的图案

三、家纺图案的风格特性

家纺图案的风格特性是家纺图案构思的重要因素。其实在构思中,家用纺织品的风格已经决定了构思图案的风格,只是在同种风格的前提下可以多考虑影响风格的因素,力求把风格体现得更为贴切,表现得更为适合。不管何种风格的图案都应考虑以下几方面内容。

(一)民族性

图案的民族性是指图案作品具有民族风格,指图案内容象征一个国家的文化艺术水平,反映该民族丰富多彩的、独特的艺术风格。一般图案都具有民族性,可以根据构思的元素的来源来确定具有何种民族性特色。

(二)现实性

图3-26　具象形态的图案

图案设计与其他艺术类型一样都具有现实性的特点。在家纺图案的构思中应考虑现实性与风格的关系。

(三)思想性

图案风格的思想性表现在两个方面:设计者自我思想情感的表达和大众思想情感的需要。

(四)艺术性

艺术性是图案设计的要求,优秀的图案构思应具备风格新颖、内容健康、构图完整、排列灵活、造型饱满、色彩配置合理、层次分明、主题突出等艺术性的具体要求。

(五)图案风格的其他特性

1. 双重性　双重性是指图案的设计与构思既要体现人们物质生活的要求,又要满足人们精神生活的要求。

2. 实用性　实用性是人们对家纺图案的基本要求,只有在具备了实用性的前提下才可以考虑审美特点。

3. 装饰性　装饰性是体现图案风格的重要因素。在实用的基础上要多考虑装饰性,突出风格特点。装饰性指的是设计者对自然物体形态的提炼和概括的艺术表现手法和风格,一方面要适应生产条件,另一方面要保证装饰审美特点。

四、家纺图案的结构特点

图案的构成形式主要有单独纹样(图3-27)、适合纹样(图3-28)、二方连续纹样(图3-29)、四方连续纹样(图3-30)、综合纹样,纹样的构成形式不同则适用范围不同,应根据构思的要求选择合适的纹样结构。如单独纹样比较适合客厅类、卧室类等家用纺织品;适合纹样比较适合客厅类、餐厨类等家用纺织品;二方连续纹样比较适合卧室类、餐厨类、卫浴类等家用纺织品;四方连续纹样的使用范围非常广,在非家用和家用两方面的应用都较多,主要应用在卧室类家用纺织品上;综合纹样的使用比较有特点,往往出现在个性化突出、风格明显的家用纺织品上。例如,家纺图案的构思要求是设计欧式风格的餐厨类家用纺织品,图案主要应用在产品的局部。由于餐厨类家用纺织品主要是以实用为主,并需要考虑环保,不宜在

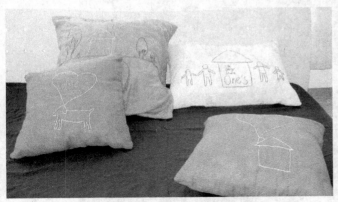

图3-27　单独纹样在家用纺织品中的应用

图3-28　适合纹样在家用纺织品中的应用

图3-29　二方连续纹样在家用纺织品中的应用

图3-30　四方连续纹样在家用纺织品中的应用

纺织品上以满地方式出现图案,因而我们在构思时就应该考虑采用适合纹样和二方连续纹样。根据风格要求,我们应该选择古典、欧式、华丽的纹样来体现。

五、家纺图案的表现技法

家纺图案的表现技法有许多种类,并在不断地创造中。与服装的特点有所不同,家居环境相对怪异的风格较少,通常要体现的是平和、优雅的感觉。因而,有不少表现技法由于特点适合,在家纺图案上应用较多,如线描法、平涂法、撇丝法(图3-31)等。各种表现技法的特点和风格各不相同,在构思中要根据各种技法的实际表现效果来定,同时要根据设计对象的风格而具体考虑。比如要求构思的家纺图案主要应用在现代风格的卫浴空间中,那么可选择点绘法、平涂法、彩铅法、肌理拓印法、介质混合法、吹色法、弹线法等,这些技法可表现简洁、现代的特点,像撇丝法、渲染法都不太适合。在家纺图案的技法表现上通常应采用较为柔和的表现技法,因为家用纺织品一般都应用在一种空间环境中,需要与空间的风格相适应。

(a)　　　　　　　　　　(b)

(c)　　　　　　　　　　(d)

图3-31　应用撇丝法的图案

六、家纺图案的色彩表达

构图、色彩和纹样是图案构成的三个主要因素。色彩是图案不可缺少的一部分。图案设计使用色彩的主要目的是为了表现具体形象,反映图案的艺术性,是对一切形象的色彩特征加以提炼而成的。

色彩与整个图案设计的构思及其他因素都紧密联系着,有时一件图案作品在其他各方面都比较恰当,但因色彩处理不当而不能达到预期效果,甚至非常糟糕。因而,色彩在图案的构思中举足轻重：色彩是表现艺术风格特色的一种强有力的手段；色彩能激发和影响人们的思维、情绪和性格特征等；色彩也影响着消费者的喜好和产品的畅销程度。

（一）色相与色调选择

色相指的是色彩的相貌。在通常情况下，人们根据视觉感受将整个色相环定为红、橙、黄、绿、蓝、紫六个基本色域，其中红、黄、蓝是三原色。通过颜色之间的调和，可以产生出无数种颜色，在构思中可以运用的颜色也有无数种。色调是色彩的整体倾向，不管运用了多少种颜色，整体上所体现的颜色就是我们说的色调。一个构思和设计合理的图案一定有明确的色调，反映整个图案所要体现的色彩感觉。比如要构思的风格需要用亮丽、强烈的颜色来表现，那么就可以选用红、黄、蓝为主的颜色，在色调上突出某种颜色的使用比例，最终体现构思的需要。如彩图6和彩图7所示为以蓝色为主的图案和应用在家用纺织品上的效果。

（二）纯度选择

纯度指色彩的鲜艳程度。我们所看到的颜色都有一定的纯度。色彩中的红、黄、蓝三原色纯度最高，间色纯度低一点，复色的纯度更低。在色彩中加入黑、白、灰，加得越多，纯度越低。不同的色相不仅明度不等，纯度也不相同。在色彩中纯度最高的颜色是红色，黄色纯度也较高。如彩图8和彩图9所示为高纯度的图案和应用在家用纺织品上的效果。

纯度体现了色彩的性格。同一种色相，纯度发生了变化，会立即带来色彩性格的变化。比如在实际的构思中需要用红色，可选用十几种不同纯度的红色，它们对整个图案的色彩表达会有不同效果，最终应采用更适合图案风格的。

（三）明度选择

明度指色彩的明暗程度。色彩分为无彩色和有彩色两种。无彩色中明度最高的是白色，明度最低的是黑色。在有彩色中，黄色明度最高，紫色明度最低。其实明度与色相、纯度有着密切的关系，色相和纯度必须依赖一定的明暗才能显现，色彩一旦发生变化，其明度也同时变化。如彩图10和彩图11所示为高明度的图案和应用在家用纺织品上的效果。

在图案的构思中，明度过于接近会产生单调、模糊、主次不分的效果，使人感觉沉闷、灰暗、消极；明度对比强的色彩使人感觉愉快、醒目。在家用纺织品上，明度的使用主要根据产品的类型和风格来决定。客厅类家用纺织品应用明度有高有低、变化较多的色彩，而卧室类家用纺织品、餐厨类家用纺织品、卫浴类家用纺织品通常应用明度较中性或较高的色彩。

（四）冷暖度选择

色彩的冷暖是指色彩所体现出的冷暖感觉。图案在色调中也同样有冷暖，分冷色调和暖色调。如蓝色、绿色和紫色等都是冷色，以这些颜色为主的色调就是冷调。在家用纺织品图案构思中，家用纺织品应用的空间环境特点和纺织品的使用特性使得图案在色彩冷暖的选择上大部分为暖色。当然，随着个性要求的不断加强，冷色的应用将越来越广泛。彩图12和彩图13分别为暖色家用纺织品图案及其应用在家用纺织品上的效果。

（五）套色选择

套色在图案设计中应用非常广泛，也是在图案构思中必须考虑的。套色在图案设计中有两方面的含义：一方面是指在一个图案作品中出现了多少种颜色，比如出现了五种颜色，那么这幅作品就是五套色的作品;另一方面是指颜色与颜色之间的搭配比例关系。设计师在长期的色彩使用和图案设计中,总结出了很多种相对固定的颜色搭配使用的比例。比如在使用四种颜色来构思图案时,颜色种类,用色比例,以达到审美的理想效果,长期以来被固定使用,成为四套色的其中一种形式。根据家用纺织品设计类型、应用部位、设计风格,在构思时应选择相应的套色关系。例如,设计的图案应用在传统风格的床品上,并且以满花的形式出现。传统风格的图案通常要求色彩柔和,不宜用对比强烈的色彩;对于满花形式的图案,色彩的使用种类不宜过多,过多容易产生色彩杂乱的感觉。针对这些要求在套色的构思上,选用的颜色种类应相对较少,以4~5种为主,以同类色或邻近色的套色应用为主。彩图14为六套色图案,彩图15为五套色图案。

七、家用纺织品图案构思的资料参考

在完成上面的工作,产生明确的构思方案后,紧接着应是查询参考资料。针对构思的具体要求,全面查询相应的资料,在参考资料中找到合适的元素。查询参考资料有很多种形式,如通过书籍或网络,或直接到市场上看产品,也可以从大自然中发掘一些需要的元素。

当然,体现构思的素材并非一定要通过资料来搜寻,也可以自己想象进行原创,尤其是一些几何类的素材完全可以通过自己的经验来创造。在自己创造素材时要根据审美与艺术的特点来表现,按照图案构思中最适合的角度来制作需要的元素。

思考与练习

1. 家用纺织品图案设计定位包含哪几个方面? 各有何特点?

2. 构思家用纺织品图案前必须了解的三个要求是什么? 分别与构思有什么关系?

3. 风格特色对家用纺织品图案的构思影响大吗? 有哪些联系? 举例说明。

4. 家用纺织品图案的元素有哪些? 如何分类? 找其中几种类型具体说说。

5. 简述抽象形态和具象形态与家用纺织品图案构思的关系。

6. 影响家用纺织品图案构思的风格特性的因素有哪些? 哪个因素最重要? 举例说明。

7. 如何在家用纺织品图案构思中确定图案的结构特点?有哪些结构分类?分别适合什么类型的家用纺织品?

8. 家用纺织品图案构思中的表现技法是如何确定的?

9. 简述色彩表达与家用纺织品图案构思的关系。

10. 什么是套色? 如何使用套色?

11. 查询参考资料的方法有哪些? 如何在网络上搜索资料?

12. 家用纺织品图案构思的练习。

(1)要求构思的图案应用在客厅类家用纺织品的靠垫上:主要应用在靠垫的角落位置,体现中国风格,表达民族特色;

(2)构思的图案具有审美特点和艺术性,整个构思要完整、合理。

第四章　家用纺织品图案设计中花卉的写生

本章知识点

1. 花、叶的形态、结构、生长规律。
2. 写生中对花、枝、叶的组织、穿插及表现手法的合理运用。

　　花卉是大自然不可缺少的一部分,它们又以其自身的靓丽美化着大自然。花卉是图案设计取之不尽、用之不竭的原始素材(图4-1),是图案设计中最常用的元素之一;花卉还能用来表达情感、烘托气氛与调整心绪,这也是其特别受人喜爱的重要原因之一;花卉的造型优美、色彩缤纷（图4-2）,更是长期得到人们的青睐。因此,花卉形象被设计者广泛地应用在建筑装饰、印刷设计、家居饰品、园林建设、城市景观等各个领域,尤其是纺织品的美化上,更是少不了花卉的身影。花卉装点着人们的生活,使人们的生活更加绚丽多彩,让人们的生活更加接近和融入大自然。

　　花卉作为家纺图案中一种特定的视觉形象,普遍存在于家用纺织品的各个方面。在家用纺织品中占主导地位的花卉形象,以不同的形态和色彩主宰着这片传统领域,又以不同的构成与异化将产品推向时尚。如雍容华贵的牡丹、亭亭玉立的竹篁、梅枝、芭叶等。

图4-1　花卉是图案设计的原始素材

图4-2　造型优美、色彩缤纷的花卉

作为家纺设计人员,深入了解花卉与人的关系,进一步理解花卉在纺织品中的重要性,了解和熟悉花卉的形态、结构,了解花卉的生长规律是必不可少的工作。只有了解与掌握花卉常识,才能在家用纺织品设计中更自如地应用和表现它。图4-3所示为花卉图案在家纺设计中的应用。

图4-3　花卉形象普遍存在于家用纺织品的设计中

第一节　叶的形态与结构

一、叶的形态

大自然中植物种类繁多,每一种植物都有它特定的外观形态和内部结构。而它们的叶的形态也是千变万化,各具特点,如图4-4所示。有的叶片呈圆形,大的如碗盆,小的似针尖;有的叶片呈椭圆形,极似中国团扇;有的叶片呈半圆形,像是一把打开的小巧折扇;还有心形的叶、三角形的叶、方形的叶、梭形的叶、戟形的叶、针形的叶、线形的叶、掌形的叶等。另外,还有一些特别形态的叶,如两个以上卵形或心形纵向串联的叶、多个心形向心的叶等。图4-5所示为自然界中各种植物的叶。

图4-4　叶的形态

二、叶的结构

（一）叶脉

叶脉的排列方式称为脉序，主要有三类。

1. 网状脉序（图4-6）具有明显的主脉，主脉分出侧脉，侧脉再分枝形成细脉，最小的细脉互相连接形成网状，这是双子叶植物脉序的特点。网状脉序的叶片通常通过叶脉、叶柄、托叶生长在枝条的节上，在枝与柄的夹角间长有腋芽，腋芽根据季节等条件的不同可生长成为

图4-5　自然界中植物的叶

叶芽或花芽。有的植物没有托叶，叶柄直接生长在枝干上。按侧脉分出的方式不同，还可以分为羽状脉序和掌状脉序，前者如梅、月季和玉兰等，后者如菊、牡丹和芍药等。

2. 平行脉序（图4-7）多数主脉不显著，各条叶脉从叶片基部大致平行伸出直到叶尖再汇合，这是单子叶植物叶脉的特征。平行脉序中很多叶的柄异化为包裹茎的筒状，以支撑叶片的重量。有的种类的花从植株的顶部长出，如百合、君子兰、水仙等；有的从植株的叶与茎之间长出，如墨兰、芭蕉和棕榈等。

3. 分叉脉序（图4-8）各条叶脉均呈多级的二叉状分枝，是裸子植物银杏具有的一种比较原始的脉序，并普遍存在于蕨类植物中。

（二）叶序

叶在节上的排列次序叫叶序，叶序有对生、互生、轮生、簇生（图4-9）。对生叶在枝干上每一层与相邻的另一层都呈垂直状态；互生叶的生长排列在枝上都是呈60°或90°错位的；轮生

图4-6　网状脉序

图4-7　平行脉序

图4-8　分叉脉序

(a)对生   (b)互生

(c)轮生   (d)簇生

图4-9 叶序

叶通常有三片以上,在同一高度的节上环绕生长;簇生叶紧密地集中在枝的顶端或中部的某一侧。叶的排列还有单叶和覆叶之分,每个柄上有一片叶的为单叶,而一个柄上对生着多片叶的为覆叶。覆叶的叶片在柄上一般呈平行状排列,而它们的柄在枝干上多为互生。

第二节　花的结构与形态

一、花的结构

花一般由花梗、花托、花被(包括花萼、花冠)和花蕊几个部分组成。花冠是花的外观形态的重要依据,从图案设计和纯粹观赏的角度来说,花冠是最重要的一个部分,而花蕊就是画龙点睛之笔了,如图4-10所示。

(一)花梗

又称作花柄,为花的支持部分,自茎或花轴长出,上端与花托相连。其上着生的叶片,称为苞叶、小苞叶或小苞片。

(二)花托

为花梗上端的膨大部分,其下面生的叶片称为副萼。花托常有凸起、扁平、凹陷等形状。

图4-10　花冠和花蕊

(三)花被

花被包括花萼与花冠。

1. 花萼　为花朵最外层着生的片状物,通常为绿色,每个片状物称作萼片,分离或联合。

2. 花冠　为紧靠花萼内侧着生的片状物,每个片状物称为花瓣,花瓣的颜色很丰富。花瓣的形态与叶一样,也是千变万化,多姿多彩,如图4-11所示。花瓣有圆形、半圆形、椭圆形、心形、三角形、梭形等。有的花瓣边缘光洁流畅,有的带有波浪似的起伏或呈锯齿状。花冠有离瓣花冠与合瓣花冠之分,如图4-12所示。合瓣花冠往往形成一个筒状锥形,花瓣连在一起,在边缘处或有几个圆弧起伏,或有几个大的裂缝。

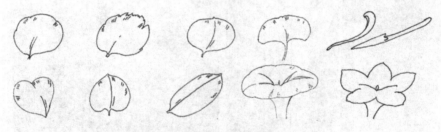

图4-11　花瓣的形态

图4-12　离瓣花冠和合瓣花冠

3.花被的排列

（1）镊合状排列，即花被片彼此互不覆盖，状如镊合的（如桔梗）。

（2）包旋状排列，即花被片彼此依次覆盖，状如包旋的（如木槿）。

（3）覆瓦状排列，即花被片中的一片或一片以上覆盖其邻近两侧被片，状如覆瓦，如夏枯草。

通过以上介绍，花的结构清晰可见，如图4-13所示。

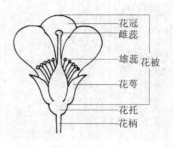

图4-13 花的结构

二、花的形态

花冠是影响花的整体形态的最重要的部分，不同的花卉，就是依据花冠的不同形态进行区别和分类的，而花冠的形态直接决定了花的外观形态，如图4-14所示。其中圆形或椭圆形的花瓣，只需三五瓣就组成了一朵伸展开的盘形的花，如果花瓣是向里卷曲的，又形成了近似圆球形或碗形的花。另外，花瓣的多少，花瓣的生长方式的不同，也都使花的外形产生千差万别的变化。如覆瓣牡丹的花瓣一层一层依次向里包裹，显得厚重、富丽，梅由五到十片花瓣

(a)   (b)

(c)   (d)

图4-14 花的形态

组成盘状,显得秀丽、轻盈;花瓣呈多方向生长的菊花显得雍容、华贵,花瓣向四周伸展的水仙显得活泼、清丽……但也有一些种类的植物,花冠退化得几乎看不见了,只有长长的粉红色花蕊形成圆圆的绒球状,更显出其特别的韵味,如合欢、含羞草等。

第三节　写生的方法

花卉常常被人们用来比喻某种事物、某种现象,表达某种情绪、某种思想和感情。如松树常常被比喻成高尚与长寿;竹子是清明、廉洁的象征;兰草是忠贞与友情的代言;红玫瑰代表热烈与爱情;百合象征清丽与纯洁;梅则寓意坚毅与朴素……一些文人、画家常常在作品中借助花卉来表达思想感情,而现代的人们在生活中也常常借助花卉体现与他人思想的沟通和情感的交流。对不同的花卉进行写生时,也应将这种感情或感受结合多种表现手法去完成,创造出栩栩如生的,适合于家用纺织品图案设计的形象。

一、线描写生

线描写生是指运用钢笔、毛笔、铅笔等工具,用线来描绘花卉的形态、结构,表现花瓣和叶的转折、层次和穿插的方法。因为是采用单线来表现对象,为了更好地体现对象的结构、层次与转折,在暗部应将线条画得粗一些,在受光部分则应将线条处理得细一些,在受光部分的一些转折或起伏较大的地方的线条甚至可以断掉,如图4-15所示为单线描绘的花卉。为了衬托前景,背景或者空旷干净、造型简单、与表现复杂精细的前景形象对比显得退后,或者背景造型用线排列密

图4-15　单线描绘

集,形成块面的感觉,与前景形成较强的空间对比关系。线描写生的纸张要求不严格,各种素描纸、复印纸、牛皮纸、生宣纸、熟宣纸、毛边纸等都可采用。铅笔线描写生要准备碳铅笔或2B的铅笔;毛笔线描写生最好选用狼毫类较硬挺的勾线笔;钢笔线描写生选用一般的书写钢笔。另外蘸水笔、鹅毛笔、竹笔、针管笔、描图笔等都能表现较好的线描效果。

二、素描写生

素描写生是指运用钢笔、毛笔、铅笔等不同工具,采用黑、白、灰层次的处理,表现花、枝、叶的具体形象与空间关系的一种方法。

(一)铅笔素描

用铅笔或碳笔素描表现的花卉,明暗过渡自然、细腻,其用笔可根据花瓣纹理、叶片脉络、老干嫩枝的颜色深浅处理来表现。笔尖立起勾画对象的轮廓,用笔轻重兼顾;侧锋完成大的面和花瓣边缘的褶皱,特别在表现褶皱时,笔尖用力要稍大一些,从轮廓线边缘向内部

运动,下笔重,起笔轻,以形成面的深浅自然过渡;在处理花叶的前后关系时,前景色相应较浅,后一个层次的色较深,以衬托前景对象。注意花、枝、叶间的穿插和空间关系,处理得当可产生精妙的画面效果。面对簇状聚集生长的花卉,不能采取一朵一朵描绘的方法,而要从整体关系上着手,将大簇的花卉看成是一个整体形象,首先铺画灰面,再在描绘暗部时处理每朵花头之间的关系,最后根据整体形象的明暗交界线强调亮部与暗部的结构,这样才能体现画面的层次感而呈现较好的效果。铅笔素描的纸张可选用普通复印纸或布面纸。如图4-16所示为铅笔素描花卉。

图4-16 铅笔素描

(二)钢笔素描

钢笔的素描写生一般采用弯头书法笔进行绘制比较方便。首先尽量多观察对象,打腹稿并在心中反复构图,做到心中有底再动手。先将笔尖立起,其较细的线条可用于勾画对象的轮廓;接着从整体出发,按花冠的自然长势,用线条排列形成灰调表达对象的暗面;再将笔尖弯头形成的平面点绘出小面积的黑面。由于大面积的灰面都是根据花瓣的纹理走向排列的,从而产生一种放射状的画面美感。这种手法的写生效果既能体现画面的韵律感,又能表现很强的光感。

花卉的钢笔素描写生还可以采用点绘、斜线、乱线和块面的手法来表达,完成后的作品也显示出各自不同的风格特征。如图4-17所示为钢笔素描花卉。

1. 点表现 先轻笔勾画出轮廓线,再采用疏密、大小和形状不等的点,从最暗处向明处过渡,形成渐变的灰面,在最暗处可用小面积的黑面处理,并采用不同的处理手段表现叶与花的质感。这种手法的写生效果柔和细腻,能体现花卉的娇柔和叶的挺拔,从而使画面产生较强的空间美感。

2. 直线表现 较细的断线画好轮廓后,在灰面部位分别用垂直、平行或倾斜的直线自由铺画,根据形的大小处理线条的长短,暗部可用稍粗的线加深。这种手法易产生一种朦胧的效果。

3. 乱线表现 通过随意而杂乱的弯曲线条,描绘对象的灰面而形成规整、具体的形象。这种手法相对自由、快捷,给人以轻松、活泼的感受。

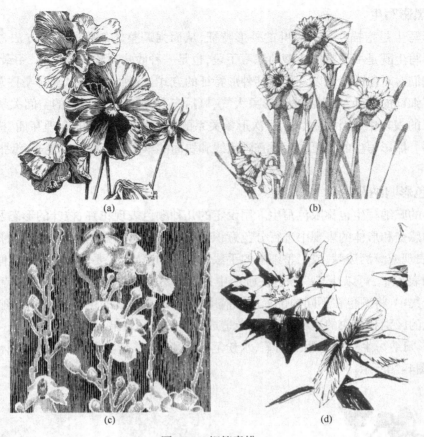

(a)

(b)

(c)

(d)

图4-17 钢笔素描

4. 块面表现 用较重的笔迹勾画对象轮廓后,将部分灰面归纳到暗部黑色块面,画面只有黑白关系而省略了中间层次,使得画面对比强烈而显刚性。

钢笔素描也可以用蘸水笔、鹅毛笔、竹笔、针管笔、描图笔来作画,纸张大多选用复印纸,也可在表面起伏较大的牛皮纸、水彩纸上作画。

(三)毛笔素描

毛笔的素描写生基本采用中国画的表现方式。先依照对象的虚实勾画其轮廓,轮廓线尽量勾画得较细较浅,再根据对象的明暗与前后关系处理色块的深浅和大小。同样,在整幅画面的构图上,也要考虑到花、枝、叶的前后关系,虚实和穿插转折的处理,还应注意花和叶的质感区别而采取不同的表现手法。

毛笔素描的纸张选用生宣纸、熟宣纸、毛边纸或其他表面起伏的纸张,可采用羊毛笔或水彩笔作画。如图4-18所示为毛笔素描花卉。

图4-18 毛笔素描

三、黑影写生

黑影写生是指描绘花、枝、叶的外形特征,从而强调整体效果的一种方法,如图4-19所示。黑影写生既是一种掌握造型的练习手段,也是一种收集对象外观形态,用最简练的手法来表达我们对对象的认识以及研究其外形特征的方式。这种表现方式要尽量注意大的方面,有意舍弃细部的刻画,表现出来的形象大气、概括有力,也能体现一定的空间关系。但在画面整体效果的表现中,要注意大小、主次形象关系的处理,花、枝、叶的合理穿插、搭配,这些都尤为重要。黑影写生的笔可采用适宜画粗线和块面的羊毫毛笔或马克笔等,纸张可随意。

四、色彩归纳写生

色彩的归纳写生也称限色写生。用设定的几种颜色表现花卉、枝叶的形态及层次,意在对色彩的感受和形体的表现中进行分色意识的培养。色彩的归纳写生像一般的色彩写生一样,既要表现或潇洒泼辣、或工整细腻的手法和丰富的色感,又要体现较强的空间虚实效果。在技法的表现中,可以让某些颜色在画面中进行自然交织;在色彩的使用中,特别注意单色不能过于集中,将颜色在不同的位置进行借用,以形成更丰富的色彩感。不要刻意为分色而强调各色的区别和色块的边缘轮廓,以免造成呆板的画面效果。

色彩归纳写生一般选用油画笔、水粉笔或水彩笔、羊毫毛笔等,纸张选用水粉纸、水彩纸等,如图4-20所示。

图4-19　黑影写生

图4-20　色彩归纳写生

思考与练习

1. 为什么要进行花卉的写生?
2. 花卉在纺织品中起什么作用?

3. 花卉常常被人们用来比喻某种事物、某种现象或表达某种情绪、某种思想和感情,你能举例说明吗?

4. 分别说说几种花卉的结构与形态。

5. 单个花头、叶片的碳笔、铅笔线描写生练习,注意强调表现手法(3张,A4纸,每张纸上不少于10个形象)。

6. 单个花头、叶片的碳笔、铅笔素描写生练习,注意强调表现手法(3张,A4纸,每张纸上不少于5个形象)。

7. 单个花头、叶片的钢笔素描写生练习,注意强调表现手法(3张,A4纸,每张纸上不少于5个形象)。

8. 碳笔整枝花卉的素描写生练习,注意强调表现手法与花枝叶的组织和穿插(3张,A4纸)。

9. 钢笔(书法笔)整枝花卉的素描写生练习,注意强调表现手法与花枝叶的组织和穿插(3张,A4纸)。

10. 色彩归纳写生练习,注意强调表现手法与花枝叶的组织和穿插(3张,A4大小的水粉或水彩纸)。

第五章 家用纺织品图案的构成

● 本章知识点 ●

1. 纹样构成的基本样式和形式变化。
2. 四方连续图案构成中散点的排列方法。
3. 图案构成形式美的基本规律。

第一节 纹样的构成

一、单独纹样

单独纹样是图案中最基本的单位和组织形式，它既可以单独使用，也可以作为适合纹样、连续纹样的基础，具有完整性和独立性，有着广泛的用途。它不受外形限制，结构自由，但造型完整。单独纹样从结构形式上分有对称式和均衡式两种。

（一）对称式

对称式是以一条直线为对称轴，两侧的纹样为同形、同量的配置，或以一点为对称中心，上下、左右的纹样完全相同。其特点是整齐、安祥、庄重、平静，富于静态美，可满足人们在生理和心理上对于平衡的要求，但容易出现平淡、呆板的局面。

对称式总体上可分为轴对称和中心对称两种形式。分别如图5-1～图5-4所示。

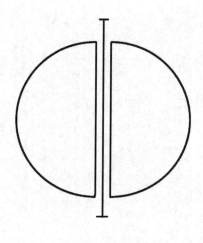

图5-1 轴对称骨式图

图5-2 轴对称

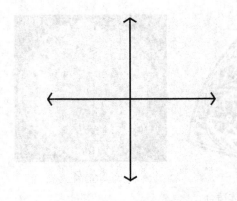

图5-3　中心对称骨式　　　　　　　　　图5-4　中心对称

（二）均衡式

均衡式也叫平衡式,从组织形式到空间安排都不受限制,依据中心线或中心点上下左右发展不相同但总体看来却是平衡、稳定的。其特点是生动、丰富,富于动态美,但要避免松散、零乱。如图5-5所示。

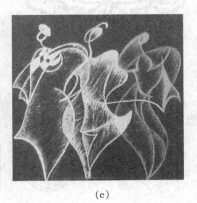

（a）　　　　　　　　　　（b）　　　　　　　　　　（c）

图5-5　均衡式

二、适合纹样

适合纹样是适合于一定外形的单独纹样。它是将纹样依据一定的组织方法,使其自然、完整地适合一定的外形,如方形、圆形、三角形、多边形、心形等。当这些外轮廓去掉时,纹样仍然留有外形的特点。

适合纹样的特点是造型构成上严谨,有较强的规律性。主要可分为形体适合、角隅适合、边缘适合三种。

（一）形体适合

形体适合在适合纹样中比较普遍,形体适合的外形可以分为几何形体和自然形体两种。几何形体有圆形、六边形、星形等,自然形体有葫芦形、荷花形、水果形及文字形等。如图5-6、图5-7所示。

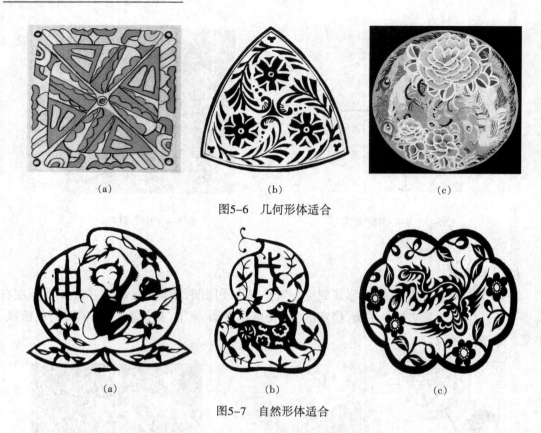

（a）　　　　　　　　　（b）　　　　　　　　　（c）

图5-6　几何形体适合

（a）　　　　　　　　　（b）　　　　　　　　　（c）

图5-7　自然形体适合

适合纹样要注意适合的外形特征,还要适合得自然、严谨,表现得恰到好处,通常有许多骨架规律。如图5-8所示为其基本骨式。

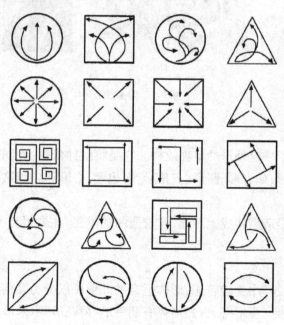

图5-8　形体适合的基本骨式

（二）角隅适合

角隅适合是装饰形体角落部位并适合一定的角形的纹样。角隅纹样可根据不同的装饰要求，对角度的大小、形式结构进行变化，既可以单独使用，也可以与其他纹样组合。在家用纺织品中使用非常广泛。如图5-9、图5-10所示分别为角隅适合及其基本骨式。

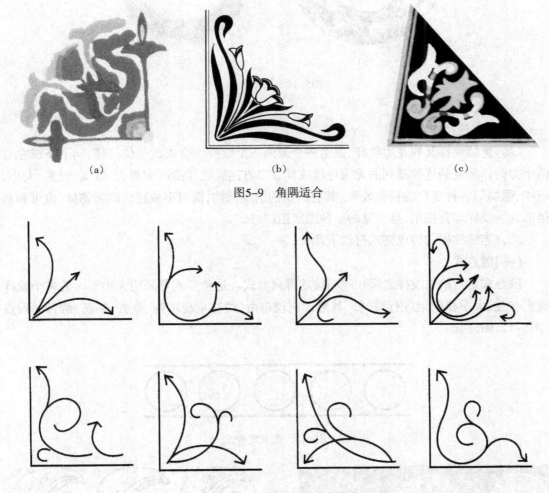

(a)　　　　　　　　　　　(b)　　　　　　　　　　　(c)

图5-9　角隅适合

图5-10　角隅适合的基本骨式

（三）边缘适合

边缘适合是装饰于特定形体四周边缘的纹样，又称花边。纹样与形体的周边相适应，同时也受形体的影响。

边缘适合纹样在外观上看有点像二方连续纹样，但在构成上完全不同于二方连续。边缘适合纹样比较自由，可根据表现的需要，自由确定纹样的形状、大小等，而不是简单的重复如图5-11所示。

边缘适合纹样在家用纺织品中主要应用在枕头、靠垫、桌布等小件的产品上。

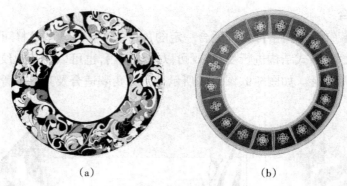

（a）   （b）

图5-11　边缘适合

三、二方连续纹样

二方连续纹样又叫花边纹样，是由一个或两三个纹样组合成的单位纹样，向上下或左右两个方向作重复的连续排列的无限连续纹样。二方连续纹样能产生起伏、虚实、轻重、大小、疏密、强弱等各种变化的视觉效果。其有严密的组织结构，既可形成独立的装饰体，也可和其他形式的纹样综合使用，是常见的一种图案组织形式。

二方连续纹样的构成格式有以下几种。

（一）散点式

散点式是指单位纹样之间互不相接的排列方式。这种形式可采用大小不一的多个纹样疏密有致、大小相间地进行排列。其形式比较自由，纹样呈现单纯、整齐、跳跃、醒目的特点（图5-12、图5-13）。

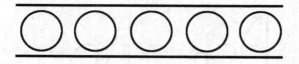

图5-12　散点式骨式

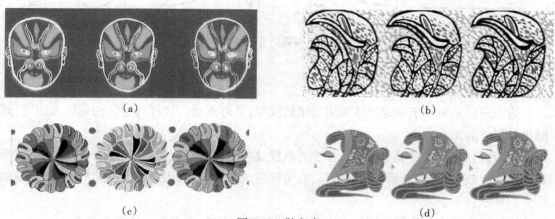

（a）   （b）

（c）   （d）

图5-13　散点式

（二）波线式

波线式是以波状曲线为骨式作连续排列，一般由圆弧、椭圆弧、双曲线、抛物线等波浪形的曲线组成。构成时可以是单一的波线，也可以是平行的波线，还可以是交叉或重叠的波线。波线起伏的大小可以产生纹样动感的强弱。其特点有逐步推进、连绵不断的舒展感，具有柔和流畅的韵律美感（图5-14、图5-15）。

图5-14 波线式骨式

（a）

（b）

（c）

（d）

图5-15 波线式

（三）折线式

折线式是以折线为骨式作连续排列，可按照一定的空间、距离、方向进行排列。根据折线方向的变化形成纹样动势角度的变化，以折线组合来划分格局，体现刚健有力、结构严谨的特点，反映力度感和方向感（图5-16、图5-17）。

图5-16　折线式骨式

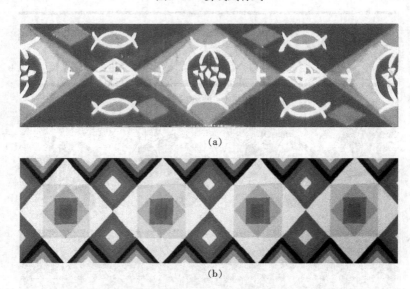

(a)

(b)

图5-17　折线式

(四)连锁式

连锁式是以散点骨式为基础,纹样单位排列时相互挽扣连接,成为锁链式结构,一环扣一环,具有连续性强、富于变化的特点(图5-18、图5-19)。

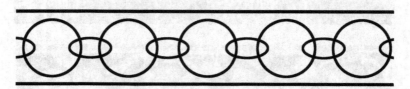

图5-18　连锁式骨式

(a)

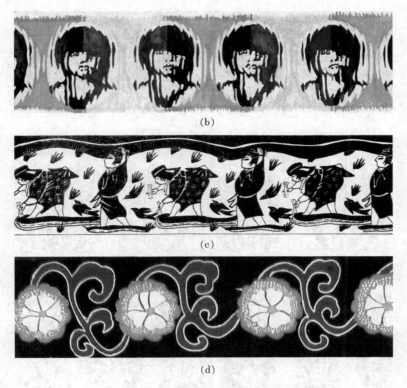

(b)

(c)

(d)

图5-19　连锁式

（五）垂直式

垂直式指纹样具有方向性，即单位纹样全部是向上或向下，或向上、向下混合成单位纹样并连续排列。其特点是稳重、端庄、严肃。在排列垂直式纹样时，要注意纹样间的联系（图5-20、图5-21）。

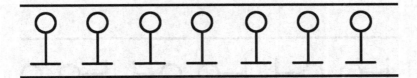

图5-20　垂直式骨式

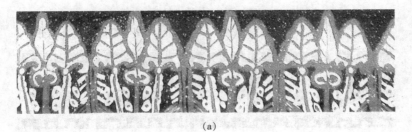

(a)

图5-21

(b)

(c)

(d)

图5-21　垂直式

(六)水平式

水平式是相对于垂直式而言,也具有方向性,只是方向不同。水平式的主轴是水平状态的,方向由同向和背向互相交错而组成。其特点是有平稳前进、动静交错的效果(图5-22、图5-23)。

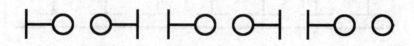

图5-22　水平式骨式

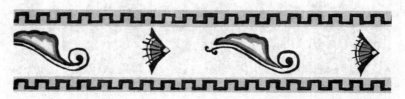

(a)

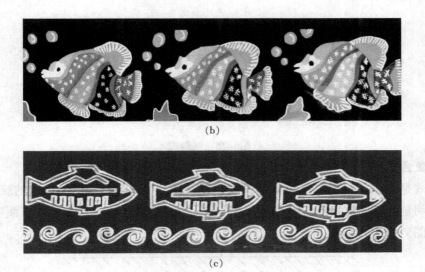

(b)

(c)

图5-23　水平式

（七）倾斜式

倾斜式的组织与垂直式、水平式的相似,只是纹样的方向作倾斜的排列。可以是一面倾斜、对立倾斜、交叉倾斜等多种形式。倾斜式纹样应注意空间变化和节奏感,单位纹样之间距离不要过近,否则会显得动势太过,给人不安的感觉(图5-24、图5-25)。

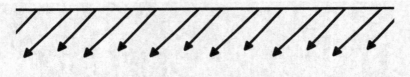

图5-24　倾斜式骨式

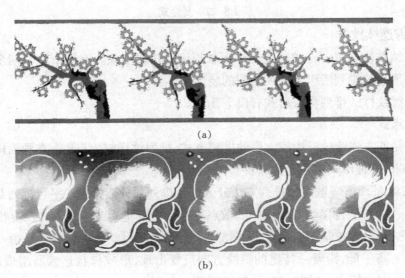

(a)

(b)

图5-25

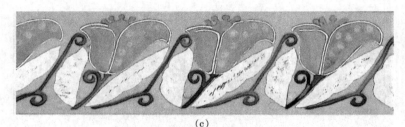

(c)

图5-25　倾斜式

(八)复合式

复合式是在散点、波线、折线等形式的基础上进行变化的组织结构形式的统称,有不显呆板且无明显隔开的连续感。因其具有富于变化、灵活多变、丰富饱满的特点而被广泛应用(图5-26、图5-27)。

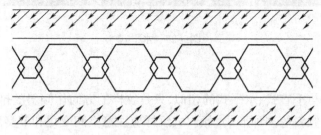

图5-26　复合式骨式

图5-27　复合式

四、四方连续纹样

四方连续纹样是以一个单位纹样作面状连续的构成形式。有上下左右四个方向连续排列和左右梯形连续排列所组成的大面积的装饰纹样。

四方连续纹样的排列构成形式有以下几种。

(一)散点式

散点式是四方连续纹样中最常用的排列方式,排列纹样较为自由。在画面内独立纹样规律地散布开来,这种形式被称为散点。

1. 散点排列方法　散点的排列方法分为平行排列和梯形排列。平行排列是指一个单位纹样向上下、左右平行移动则画面中的散点纹样会沿着垂直或水平方向反复出现而形成的图案,具有规律强、容易掌握的特点,如图5-28、图5-29所示。而梯形排列是指一个单位纹样的左右采用一高一低,沿着一特定的斜线方向反复出现,形成梯状连续所组成的图案,具有灵活和变化丰富的特点,如图5-30、图5-31所示。

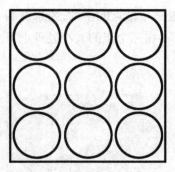

图5-28　平行排列骨式

图5-29　平行排列

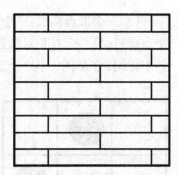

图5-30　梯形排列骨式

2. 散点构成方法

（1）一个散点构成：一个散点构成是指在一个单位区域内，用一个单位纹样上下、左右反复连续组成图案。这种排列构成是最基本、最简单的一种，结构变化较少，容易出现呆板、单调的现象，如图5-32、图5-33所示。

（2）两个散点构成：两个散点构成是由一个散点演变而来，指的是在一个单位区域内，配置两个散点纹样向上下、左右反复连续组成的图案。由于结构变化依然很少，仍显单调，如图5-34、图5-35所示。

图5-31　梯形排列

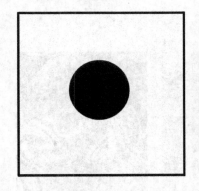

图5-32　一个散点构成骨式

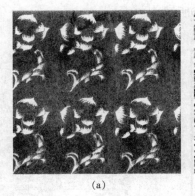

(a)　　　　　　　　　(b)

图5-33　一个散点排列

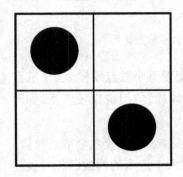

图5-34　两个散点构成骨式

(a)　　　　　　　　　(b)

图5-35　两个散点排列

67

（3）三个散点构成：三个散点构成指在一个单位区域内，配置三个散点的排列，要求有两个点接近，另一个点相对较远，这样相对符合构成原理，效果较好。在三个点的大小处理上可各不相同，分大、中、小三个散点较好，如图5-36、图5-37所示。

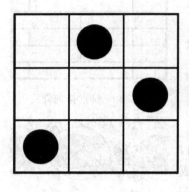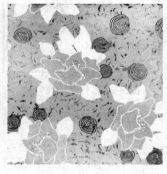

(a)　　　　　　　　　　(b)

图5-36　三个散点构成骨式　　　　　　　　　图5-37　三个散点排列

（4）四个散点构成：四个散点构成是指在一个单位区域内，配置四个散点纹样。对于四个散点的排列，通常采用两大、两小的纹样组合，大小之间的散点距离要适当。当单位区域内有四个散点时，单位区域相应较大，其结构变化就丰富，是常用四方连续纹样中排列应用最广泛的一种，如图5-38、图5-39所示。

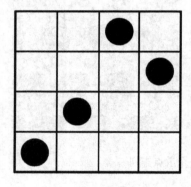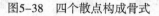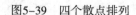

(a)　　　　　　　　　　(b)

图5-38　四个散点构成骨式　　　　　　　　　图5-39　四个散点排列

（5）五个散点构成：五个散点构成是指在一个单位区域内，配置五个散点纹样。五个散点的构成比四个散点的构成结构变化更为丰富，非常适合中小型纹样，应用也比较广泛，如图5-40、图5-41所示。

（6）六个及六个以上散点构成：六个散点构成指在一个单位区域内，配置六个散点纹样。另外，七个散点、八个散点、九个散点等都是以此类推。通常超过六个散点的构成已相对较复杂，结构变化非常多，如图5-42所示。

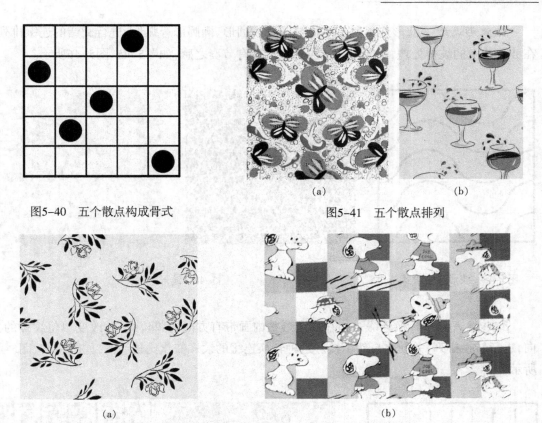

图5-40　五个散点构成骨式

图5-41　五个散点排列

图5-42　六个以上散点排列

（二）连缀式

连缀式是单位纹样间相互连接或穿插。单位纹样与单位纹样交错地连接起来，保持单位的形状、位置的特点。连缀式连续性较强，大多是将花卉的花、叶、枝干的状态组成相互连接穿插的纹样。这种排列有连绵不断的艺术效果，从骨式结构来看，分为菱形、波形、转换等连缀方式。

1. 菱形连缀　菱形连缀是将一个单位纹样填入菱形，使之四边能连接起来，纹样部分可超出菱形，但不能使纹样产生凌乱效果的方法，如图5-43、图5-44所示。

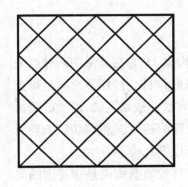

图5-43　菱形连缀骨式

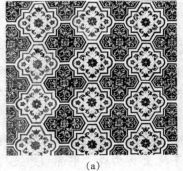

图5-44　菱形连缀

2. 波形连缀　波形连缀是将单位纹样画成圆形、椭圆形等弧形,进行交错的连缀排列。在波状线上的纹样处理,都能给人活泼、优美、富有节奏之感,如图5-45、图5-46所示。

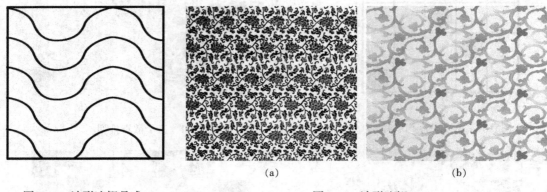

| | (a) | (b) |

图5-45　波形连缀骨式　　　　　　　　　　　　图5-46　波形连缀

3. 转换连缀　转换连缀是指在规定形状内画带有方向的单位纹样,改变单位纹样的方向,进行转换排列,并使之自然衔接。这种转换连缀的纹样变化比较活泼,如图5-47、图5-48所示。

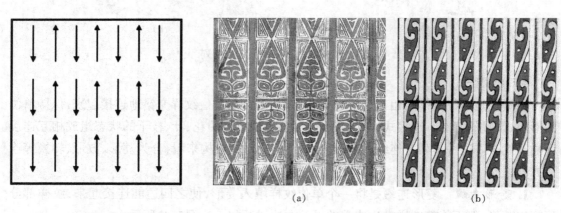

| | (a) | (b) |

图5-47　转换连缀骨式　　　　　　　　　　　　图5-48　转换连缀

(三)重叠式

重叠式是两种连续形式的混合运用,是一种综合式的纹样构成。其方法是采用两种以上的纹样重叠排列在一起,其中一种纹样为地纹,另一种为浮纹,通过对比、衬托使纹样显得充实、丰富和富有层次感。这种排列要在造型和色彩上全面考虑,浮纹一般是主纹,地纹起陪衬作用。地纹的组织结构、色彩处理要相对简单、柔和,而浮纹处理应相对强烈、明确、条理清晰、层次丰富,最终地纹和浮纹要相互协调。重叠纹样的构成有以下几种。

1. 平铺型地纹和散点浮纹重叠构成　平铺型地纹与散点浮纹重叠构成是指规则的简单的纹理为主,以自然形象变化而成的散点图形作为浮纹重叠起来,产生虚实相生,达到对比与统一的视觉效果,如图5-49、图5-50所示。

2. 散点地纹和散点浮纹重叠构成 散点地纹和散点浮纹重叠构成要注意用作地纹的散点图形必须比浮纹的散点图形造型和色彩简单,才能衬托出浮纹,否则会主次不分,杂乱无章,如图5-51、图5-52所示。

3. 相同的地纹和浮纹重叠构成 相同的地纹和浮纹重叠构成是指用同一个纹样,既作地纹又作浮纹,相互穿插,重叠构成。在这种重叠构成中,要注意色彩的对比运用。地纹一般用单一、对比弱的色彩,浮纹用色彩丰富的、能突出浮纹特点的色彩。即使纹样相同,但层次不同,主体突出,如图5-53、图5-54所示。

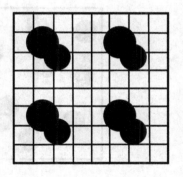

图5-49 平铺型地纹和散点浮纹
　　　　重叠骨式

(a)

(b)

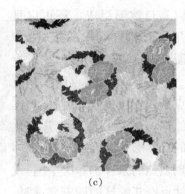

(c)

图5-50 平铺型地纹和散点浮纹重叠

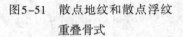

图5-51 散点地纹和散点浮纹
　　　　重叠骨式

(a)

(b)

图5-52 散点地纹和散点浮纹重叠

4. 条格式 条格式是指以各种不同大小的条格进行组织排列的连续图案。条格分条子和格子,条子有横条、直条、斜条、弧形条等,格子有正方格、斜方格、弧形格等。条格式构

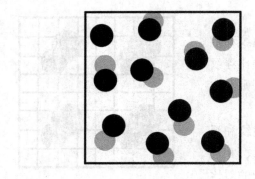
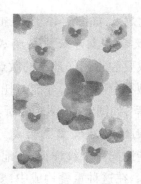

图5-53　地纹和浮纹相同重叠骨式　　图5-54　地纹和浮纹相同重叠

成可以是几何形组成，也可
以是自然形组成，还可以是
几何形和自然形的组合，如
图5-55、图5-56所示。

5. 点网式　点网式指以
点子和网纹构成的排列组合。
纹样一般是几何形或几何化
的自然形，这种纹样的构成体
现强烈的条理感和次序感。设
计点网式纹样的四方连续时，

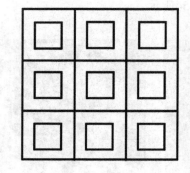
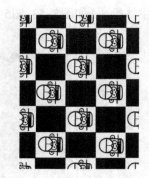

图5-55　条格式重叠骨式　　　图5-56　条格式重叠

先画网格，再把点状图案填入相应的位置。如图5-57、图5-58所示。

6. 自由式　自由式构成就是不受任何限制的组合构成，只要最终是四方连续纹样，任
何构成形式都可以，如图5-59所示。

7. 综合式　综合式指的是由两种以上四方连续的组织结合在一起使用的方法，如图
5-60所示。

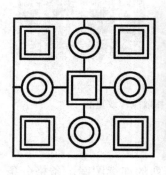

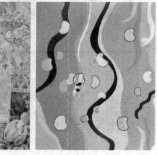

　　　　　　　　　　　　　　　　　　　　　　　　　　　　(a)　　　　　　　　(b)

图5-57　点网式重叠骨式　　　图5-58　点网式重叠　　　　图5-59　自由式

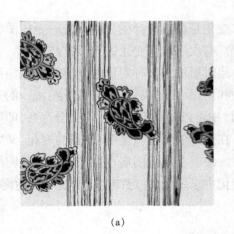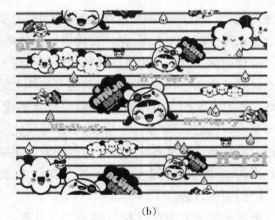

(a)　　　　　　　　　　　　　　　　(b)

图5-60　综合式

五、综合纹样

综合纹样是指单独纹样、适合纹样、二方连续纹样、四方连续纹样中任意两种或两种以上的形式相结合而产生的相对独立图案。这类图案通常是根据特定需要而设计的,纹样之间在造型上应相互协调形成共同的主题与意义,如图5-61所示。

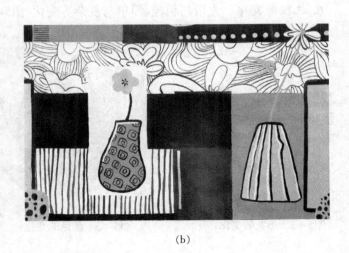

(a)　　　　　　　　　　　　　　　　(b)

图5-61　综合纹样

第二节　纹样构成的形式美法则

纹样构成的形式美法则是纹样发展中形成的普遍规律,是纹样美感的关键,在家纺纹样的设计中同样适用。其形式美的法则主要有以下几点。

一、变化与统一

变化与统一是纹样形式美法则中最基本、最重要的一条。变化是指图案的各个组成部分的差异,缺乏变化的图案是单调没有活力的,追求变化是图案设计的方向。统一是指图案的各个组成部分的内在联系,是将变化进行总体调节,有次序地将变化进行安排。

变化与统一就是将相异的各种元素组合在一起时形成了一种对比和差异的感觉,而这些差异和变化通过相互关联、呼应,达到整体上的和谐,从而形成了统一。变化与统一的关系是既相互对立又相互依存的统一体。在图案的设计中可以说一定有变化的成分存在,即使只有一个点,它也会与背景产生明度、形态等变化。在设计中要追求造型、色彩的变化,又要防止过分变化造成杂乱和缺乏统一性的问题。相反,缺乏变化的图案也会让人产生单调的感觉。因此,在图案处理上要在统一中求变化,在变化中求统一,并保持变化与统一的适度。

（一）变化方法

图案的变化方法有很多,主要有以下几种。

1. 形状的变化　点、线、面的规则与不规则的变换(图5-62)。

2. 颜色的变化　色彩的纯度、明度、冷暖的变化(图5-63)。

3. 位置的变化　位置的上下、左右、前后的变化(图5-64)。

4. 量的变化　纹样的大与小、多与少、长与短、宽与窄、疏与密等变化(图5-65)。

5. 心理感觉的变化　感觉上的轻与重、动与静、强与弱、虚与实等变化(图5-66)。

6. 肌理的变化　光滑与粗糙、简单与复杂等变化(图5-67)。

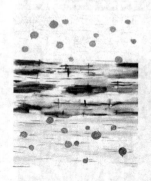

图5-62　形状的变化　　　　　图5-63　颜色的变化　　　　　图5-64　位置的变化

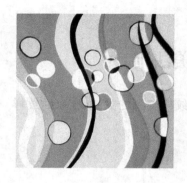

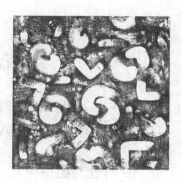

图5-65　量的变化　　　　　图5-66　心理感觉的变化　　　　　图5-67　肌理的变化

（二）统一的种类

1. 突出主题 体现主题的纹样在画面上占据主体的位置或较大的面积，成为视觉的中心（图5-68）。

2. 主次协调 主次关系是在表现主题和反映纹样特色的时候，把主要的纹样与次要的纹样区别开来，形成有主有次的感觉（图5-69）。

图5-68 突出主题的统一

（a） （b）

图5-69 有主有次的统一

3. 相互呼应 图案的色彩、造型、结构等各方面相互照应，产生呼应关系（图5-70）。

二、对称与均衡

对称与均衡是平衡的两种表现形式，就是对称式的平衡和非对称式的平衡。

对称又称对等，是事物中相反的双方的面积、大小、质量等在保持相等状态下的平衡，是平衡法则的特殊形式。对称的平衡可分

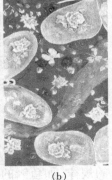

（a） （b）

图5-70 相互呼应的统一

75

为轴对称和中心对称。通俗地讲,如果以某条直线为轴,轴的两边是完全对称的图形,就是轴对称(图5-71)。存在中心点,以中心点为中心通过旋转得到相同的图形,就是中心对称(图5-72)。

图5-71　轴对称　　　　　　　　　　　　　图5-72　中心对称

对称的构成形式到处都有,应用也非常广泛。如人体结构、鸟的双翅等都是轴对称;人们在建房、装修等时候,多数都表现为轴对称的方式。对称满足了人们对于平衡的传统审美要求,符合人们的视觉习惯。这种平衡关系应用在图案中具有稳定、庄重、静止、严肃等特点,但对称式平衡如果应用不当,会让人产生呆板、压抑的感觉。

均衡是围绕中轴线或中心点的上下左右的纹样等量不等形,其纹样、色彩和造型都可以不一样,但从分量和构成上得到非对称性的平衡。均衡通常以视觉中心为支点,各种构成要素以此支点保持视觉上的平衡。均衡的表现方式相对于对称来说是没有规律可循的,它更注重心理上的感受。均衡这种构成形式体现出生动活泼、富于变化,充满动感但又相对稳定的特点,如图5-73所示。如果均衡处理不好,就会有失重、烦乱的感觉。

三、条理与反复

条理与反复都是有规律的重复。不断重复使用的基本形可使设计的纹样具有安定、整齐、规律性强的特点,但重复构成的视觉感受容易显得呆板、平淡、缺乏趣味性的变化。

条理是有条不紊,反复是来回重复。自然界中的很多事物都符合条理与反复的规律,如鱼鳞的长势、花瓣的结构等都体现条理与反复的特点。

图5-73　均衡

在条理与反复中,点、线、面、体以一定的间隔、方向按规律排列,这种重复变化的形式有以下几种。

1. 有规律的重复　单元形每间隔一定的距离或一定的角度重复一次,次数不少于三次,如图5-74所示。由于规律性比较强,能体现庄重、严谨的感觉,但规律性太强而缺少变化容易产生单调、没有活力之感。

(a)　　　　　　　　　　　　　　　　(b)

图5-74　有规律的重复

2. 无规律的重复　单元形在方位、距离上不定向、不等距的重复,如图5-75所示。由于除单元形外可变化的东西很多,因而无规律的重复能产生跳跃的变化,体现韵律的美感。

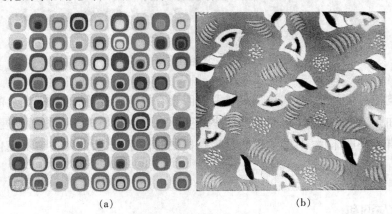

(a)　　　　　　　　　　　　　　　　(b)

图5-75　无规律的重复

3. 等级性的重复　在距离、方向等方面按等比例的关系作等级变化或等级渐变,在视觉上有和谐的韵律感,能产生较好的艺术性,如图5-76所示。

四、节奏与韵律

节奏是规律性的重复,韵律是节奏的变化形式。在图案设计中,节奏和韵律也是建立在重复的基础上。将图形按照等距格式反复排列,作空间位置的伸展,就会产生节奏感。而将图形在统一的前提下以强弱起伏、抑扬顿挫的规律变化,就会产生韵律感,如图5-77所示。

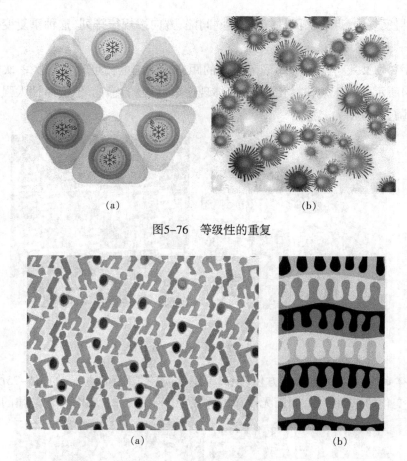

(a)   (b)

图5-76　等级性的重复

(a)   (b)

图5-77　节奏与韵律

节奏和韵律具体体现在点、线、面、色彩等因素有规律的变化，形成视觉上的大小、多少、强弱、虚实、曲张、长短、快慢、松紧等有秩序的变化。节奏是条理与反复的发展，韵律在节奏的基础上丰富。一般来说，节奏体现的是带有机械的秩序美，而韵律在节奏变化中产生更丰富的情趣。

五、对比与调和

对比是指在质或量方面具有区别和差异的各种形式要素的相对比较，是差异性的强调，是拉开两者之间的不同点，求得变化的最好方法，如图5-78所示。在图案中常采用相异的形、色对比，产生大小、明暗、黑白、强弱等变化，使图案鲜明、丰富，而又不失完整。

调和就是适合、协调、舒适、统一，是拉近两者之间的共性，是一种相对统一的和谐关系，被赋予了秩序的状态。调和是相对于对比的审美方式，是图案设计中最基本的需求，如图5-79所示。

对比与调和是相对而言、相辅相成的，没有调和就没有对比。一般来说，对比强调差异，调和强调统一，处理好两者的关系，尤其在图案的形、色上要变化中求统一。

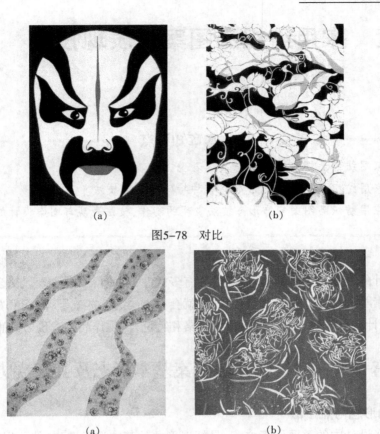

图5-78　对比

(a)　　　　　　　　　　　(b)

图5-79　调和

思考与练习

1. 什么是单独纹样？分哪几种结构形式？举例说明。

2. 试比较单独纹样与适合纹样的特点。

3. 适合纹样分哪些形式？分别有哪些特点？举例说明。

4. 角隅适合与边缘适合有哪些区别？分别应用在家用纺织品的哪些产品上？应注意些什么？举例谈谈自己的看法。

5. 什么是二方连续纹样？二方连续纹样的构成格式有几种？分别有什么特点？

6. 四方连续纹样有什么特点？四方连续纹样的排列构成形式有哪些？

7. 谈谈散点构成的方法。如何体现审美特点？

8. 纹样构成的形式美法则有哪些？基本法则是什么？举例说明。

9. 如何处理好变化与统一的关系？

10. 制作一个四方连续纹样。

(1)要求遵循形式美法则，体现审美特点。

(2)以重叠式的表现形式为主，控制在6套色以内。

第六章 家用纺织品图案的表现技法

● 本章知识点 ●

1.家用纺织品图案基本形态及其表现方法。
2.家用纺织品图案装饰形态的各种特殊的表现技法。
3.家用纺织品图案装饰形态技法表现的制作,技法表现与图案设计的关系。

图案设计的表现技法可谓非常丰富,具有多样性,也使得图案表现风格多样化。同样的图案设计元素与构思,采用不同的表现技法就会有不同的艺术效果。学习和掌握多种表现技法,有助于设计者更好地表现图案的设计风格和特色,体现作品的表现力和感染力。

第一节 家用纺织品图案基本形态及其表现方法

一、点的形态与点绘法

点是图案设计中的重要元素之一,是塑造形象的基本造型要素,线可以用点构成,面也可以由点构成。点经常出现在主图案中或地纹中,其表现力较强,对人的精神影响很大,具体运用要根据对象的形态、特点、色彩等来定。

1.点的形态 在设计中,点有大小、方圆、聚散、疏密、轻重、主次、虚实、规则、不规则等各种形态。不同的点有不同的作用,利用点可以表现出明暗、光影,增加层次效果;利用点可以制作肌理材质效果,增加花色和表现效果。

2.点绘法 点绘法是以不同的点来塑造形的表现方法。不同疏密的点使画面显得丰富,具有虚实感。表现点的工具有海绵、瓜瓤、直线笔、小毛笔、牙签等。

点绘法在应用时多以虚实、聚散表现明暗关系和形象的立体感;应注意层次的表现,掌握好点的轻重深浅,防止出现平和碎;应注意点的大小与圆润程度的控制,点的质量对图案的工整程度影响很大,如图6-1所示。

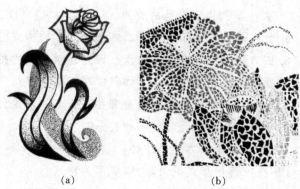

(a)　　　　　　　　(b)

(c)

(d)

(e)

图6-1　点绘法

二、线的形态与线描法

线在图案设计的表现技法中运用广泛,是造型的重要手段之一。线主要是表现图案的轮廓,线的长短与粗细、节奏与韵律具有较强的表现力。

1. 线的形态　线可分为直线、曲线、弧线、折线、波浪线、断线、间隔线与虚线等形态。线条可以有许多变化,有长短、粗细、轻重、顿挫、波折、曲直、浓淡、断续等。

2. 线描法　线描法是一种传统的表现技法。以线条表现的图形,线条要流畅、工整、优美、精细。另外也可以对图形的轮廓进行勾线,勾线的粗细可根据需要而定,这种方法表现出来的画面可粗犷可细致,艺术效果各不相同,如图6-2所示。

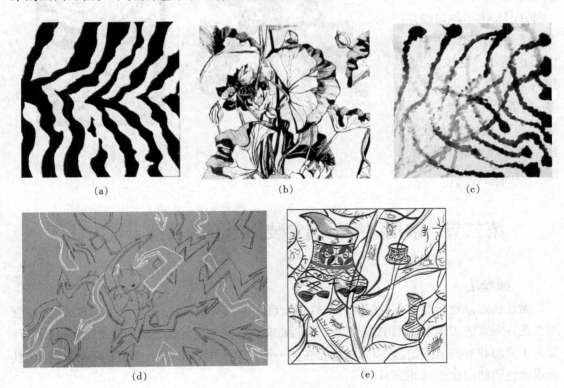
(a)　　　　　　　　(b)　　　　　　　　(c)

(d)　　　　　　　　(e)

图6-2　线描法

三、面的形态与平涂法

面也是图案表现的重要元素，面在图案中具有重量感和充实感，是技法表现的重要手段。

1.面的形态　面的形态也有许多，可分为平涂面、分块面、渐变面、立体面等。平涂面即用一种颜色平涂，没有深浅变化，只有外形轮廓的变化。分块面是用两三种颜色平涂，按照图案的不同，分块、分面地表现出各种层次。面还是体的基础，可利用各种形态的面突出深浅、明暗来增强图案的立体感和质感。

2.平涂法　平涂法是用单色或多色根据图案进行平涂，表现图形色彩变化与层次关系。平涂法是图案表现中最常用的一种手法，往往与勾线结合起来运用。平涂法主要应用在主花、底纹上，应用时要注意色块不宜过多，底面不应过大，并且要结合点和线的表现技法，设计理想的效果，如图6-3所示。

(a)　　　　　　　　(b)

(c)　　　　　　　　(d)

图6-3　平涂法

第二节　家用纺织品图案装饰形态的其他表现方法

一、撇丝法

撇丝法是以密集而工整的细线并置排列表现形象的明暗层次，使形象生动自然，主要应用在花卉图案的表现上。运用撇丝法时，用笔要果断、肯定，线与线之间不能交叉，条理清晰，着力于表现花卉的质感动态，不同的色彩在同一部位表现时，动向要一致，要留出原色线，以显示出色调的层次感，如图6-4所示。

(a)　　　　　　　　　　(b)　　　　　　　　　　(c)

图6-4　撇丝法

二、渲染法

渲染法是将纹样分成几个层次,用几种深浅不同的同种色或邻近色,由深到浅一层层平涂分出色阶,使形象具有增强厚度和色彩的韵味,这是在我国比较传统的表现手法。

渲染法分为单色渲染和多色渲染。单色渲染是用一种颜色渲染出深浅不同的花纹,而多色渲染是用两种或两种以上颜色渲染出深浅不同的花纹,比单色渲染更为丰富、更富有变化,如图6-5所示。

(a)　　　　　　　　　　(b)　　　　　　　　　　(c)

图6-5　渲染法

三、枯笔法

枯笔是以硬挺的狼毫笔蘸上干而浓的颜色在纸面上快速地扫出枯涩的效果。枯笔法产生的形态是由应用的工具而决定的,如毛笔、油画笔、排笔、蜡笔产生的形态,所有的枯笔形态都是随意、自然、不规则的,如图6-6所示。

四、光影法

光影法主要突出光与影的表现,忌过于细小的点、线的描绘,表现整体、强烈、大气的效

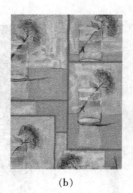

(a)　　　　　　　　　　　　　　　(b)

图6-6　枯笔法

果,其层次、色调并不丰富,往往通过几个色块的处理来表现对象的明暗起伏,较概括、提炼,如图6-7所示。

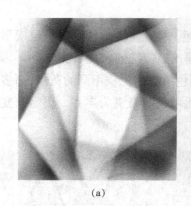
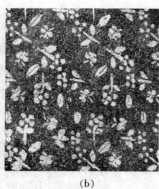

(a)　　　　　　　　　　(b)　　　　　　　　　　(c)

图6-7　光影法

五、喷绘法

喷绘法是利用一定的压力,通过喷笔等工具描绘图案,表现形象的明暗层次、冷暖变化、浓淡变化。喷绘法绘制的图案明暗过渡自然,轻松明快,层次感强,精致细腻,如图6-8所示。

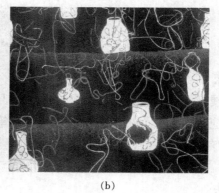

(a)　　　　　　　　　　　　　　(b)

图6-8　喷绘法

六、推移法

运用不同明度的色彩有规律的排列，使图形富有层次感，韵律节奏当中又有变化，也可以用色相的排列转换取得多层次变化的效果，如图6-9所示。

七、彩铅法

在图形上先涂上水粉或水彩颜料，再用溶解性彩色铅笔在图形上排出不同的线条，强调一种独特的表现肌理。运用彩铅法时，也可以先在图形上画上线条或色块，然后用毛笔或排笔刷上水，使颜色溶解，产生自然的类似渲染的感觉，如图6-10所示。

(a)

八、肌理拓印法

肌理是物体表面纵横交错、高低凹凸、粗糙平滑的纹理变化。肌理拓印法是利用物体表面的不同肌理，将之加工成装饰图案的艺术肌理，从而使画面达到生动、自然的效果，如图6-11所示。

(b)　　　(c)

图6-9　推移法

九、蜡笔涂色法

蜡笔涂色法是用蜡笔或油画棒在纸上勾勒具体纹样，再用颜料填涂在纸上，使纹样和底色若隐若现，呈现出丰富的美感，如图6-12所示。当蜡笔在纸上涂得较厚时，立体的感觉也很明显。

(a)　　　(b)

图6-10　彩铅法

十、介质混合法

在图案设计中，背景或者抽象性图案常常利用水、油彩等物质的不相溶性来处理，所形成的画面效果有点像陶瓷艺术中的窑变一样，具有独特的审美价值，如图6-13所示。

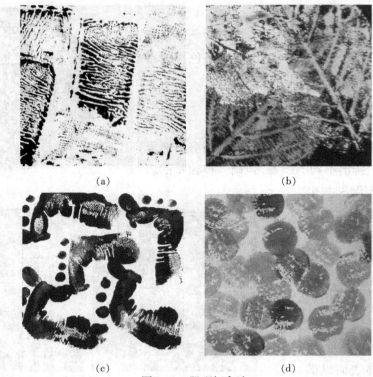

(a)   (b)

(c)   (d)

图6-11　肌理拓印法

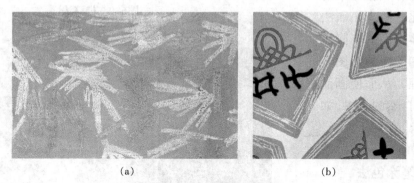

(a)   (b)

图6-12　蜡笔涂色法

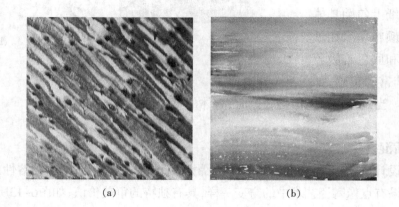

(a)   (b)

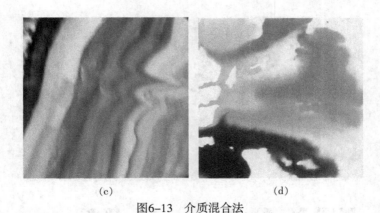

(c)　　　　　　　　　　　　(d)

图6-13　介质混合法

十一、刮划法

利用针、刀等利器,在尚未干透的画面刮划出纹样就是刮划法。如果在较为干透的纹样上刮划更有趣味性,层次很鲜明,如图6-14所示。

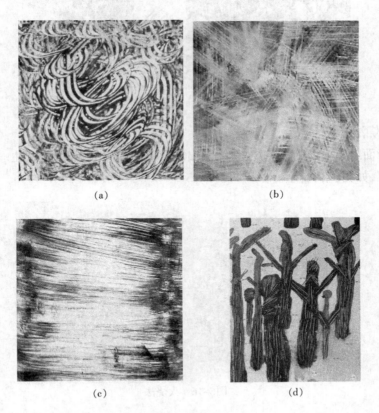

(a)　　　　　　　　　　　　(b)

(c)　　　　　　　　　　　　(d)

图6-14　刮划法

十二、吹色法

把含有较多水分的颜料,直接或间接地利用工具吹附到画面上,使图案具有奇特、随意的效果和流动的飞扬感,画面富有很强的韵味,如图6-15所示。

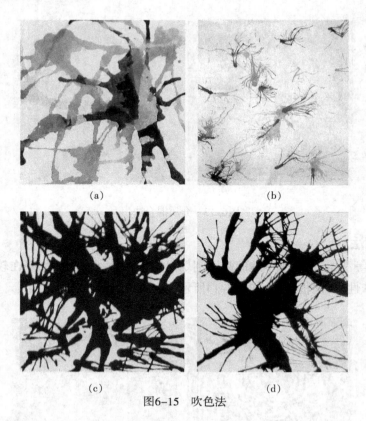

(a) (b)

(c) (d)

图6-15 吹色法

十三、火烧法

在画纸背面或正面以微火熏烧,使纸上出现泛黄和烟熏的感觉,能产生一种自然、流畅、奇特的韵律感,如图6-16所示。

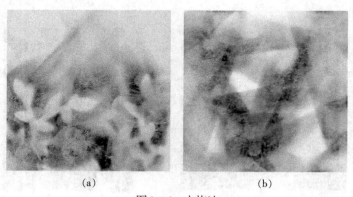

(a) (b)

图6-16 火烧法

十四、弹线法

在线上染上各种所需色彩,然后弹在纸上,在纸留下线条的痕迹和飞溅的小点,如图6-17所示。这种方法经常用于画面中较直的线条处理上,用此法可以表达出浑厚的感觉,体现趣味性。

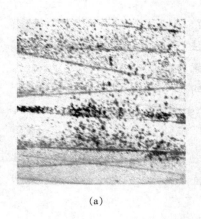 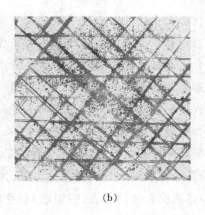

(a)　　　　　　　　　　　　　　(b)

图6-17　弹线法

十五、滴水法

在笔上浸沾上调好的颜色,往纸上滴水,根据水分的多少和笔与纸距离的不同,滴出大小、浓淡、边缘锯齿等各种不同形式的滴纹,能表现出随意、协调的自然效果,如图6-18所示。这种方法最重要的是把握好水分,多了颜色会流动,少了显得过于生硬。

装饰形态的表现方法还有很多,有沥粉装饰法、材料拼贴法、计算机表现法等。随着人们创造力的不断进步,将有更多的表现方法应用在图案设计中。

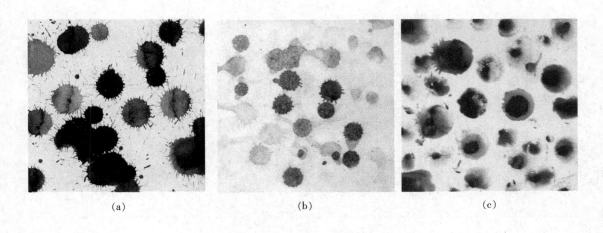

(a)　　　　　　　　　　　(b)　　　　　　　　　　　(c)

图6-18　滴水法

思考与练习

1. 哪些是家用纺织品图案的基本形态?分别有哪些表现技法?举例说明。
2. 比较点绘法和线描法的特点。

3. 什么是平涂法？应用平涂法应注意些什么？

4. 家用纺织品图案装饰形态中有哪些表现技法？

5. 什么是撒丝法？撒丝法有什么特点？要注意些什么？

6. 彩铅法和蜡笔涂色法有什么区别？举例说明。

7. 谈谈刮画法的特点以及如何表现刮画法,并实际练习刮画法。

8. 如何处理好滴水法的表现效果？

9. 制作一个以吹色法为主的纹样。

(1)要求控制好水分和吹色的力度,体现审美特点。

(2)体现吹色法的特点,控制在3套色以内。

第七章　家用纺织品图案的色彩配置

● **本章知识点** ●

1. 色彩的对比。
2. 明度对比中各基调的区分。

第一节　色彩的心理分析

当人们看到色彩时常常想起与该色相联系的其他色彩，这种因某种机会而联想出的色彩被称为色彩的联想。色彩的联想是通过过去的经验、记忆或知识而取得的。色彩的联想可分为具体联想和抽象联想。人们看到某种色彩后，会联想到自然界、生活中某些相关的事物，这便是具体联想；人们看到某种色彩后，会联想到理智、高贵等某些抽象概念，这便是抽象联想。下面通过色彩的联想对家用纺织品的常用色进行心理分析。

一、红色

红色波长最长，人对它的感知度最高，因此引人注目，有很大的刺激作用，可对人的心理产生巨大的鼓舞作用，是让人感觉火热、充满力量和富有能量的颜色。

1. 纯色的心理特点　热情、活泼、引人注目、热闹、艳丽、幸福、吉祥、喜气洋洋。一般在我国婚庆或重大节日中的一些纺织用品多选用红色（彩图16）。

2. 纯色加白（粉红色）的心理特点　圆满、健康、温和、愉快、甜蜜、优美。通常这类色彩的纺织用品多用于女性房间（彩图17）。

二、橙色

橙色的刺激作用虽然没有红色大，但它的视认性和注目性也很高，既有红色的热情，又有黄色的光明，是传达活泼、健康感觉的开放性色彩，也是人们普遍喜爱的色彩。

1. 纯色的心理特点　火焰、光明、温暖、华丽、甜蜜、兴奋、冲动、力量充沛，能引起人们的食欲和对阳光、火焰的想象（彩图18）。

2. 纯色加白的心理特点　细腻、温馨、暖和、柔润、细心、轻巧、慈祥（彩图19）。

3. 纯色加黑的心理特点　沉着、安定、古色古香、情深。是一些中式古朴装修的家庭中经常用到的纺织品颜色（彩图20）。

4. 纯色加灰的心理特点　沉稳、温柔，使人仿佛置身于沙滩、故土中（彩图21）。

三、黄色

黄色是最为光亮的色彩,在有彩色系中纯色明度最高,给人以光明、迅速、活泼、轻快的感觉,是洋溢喜悦与轻快的色彩。它的明视度很高,容易吸引别人的注意力。

1. 纯色的心理特点　明朗、快活、自信、希望、高贵、进取向上、德高望重。纯色一般用于儿童用纺织品图案中(彩图22)。

2. 纯色加白的心理特点　单薄、娇嫩、可爱(彩图23)。

四、黄绿色

黄绿色是黄色和绿色的中间色,由于在日常生活中黄绿色并不突出,所以易被人们忽视,很多色彩心理研究把黄绿色与绿色合并。

1. 纯色的心理特点　新鲜、青春、纯真、无邪、活力、含蓄、新生、有朝气、欣欣向荣等,使人联想到春天、幼芽与生命(彩图24)。

2. 纯色加白的心理特点　嫩苗、清脆、爽口、芳香、明快(彩图25)。

五、绿色

绿色为植物的色彩,绿色的明视度不高,刺激性不大,对生理和心理的刺激都极为温和。绿色给人以宁静之感,不易使精神疲劳,是一种能使人放松、解除疲劳的色彩。

1. 纯色的心理特点　新鲜、平静、安逸、安全、和平、有保障、有安全感、可靠、信任、公平、理智、淳朴等,犹如置身大自然和草木中的感觉(彩图26)。

2. 纯色加白的心理特点　爽快、清淡、宁静、舒畅(彩图27)。

3. 纯色加黑的心理特点　安稳、沉默、刻苦(彩图28)。

六、蓝绿色

蓝绿色的明视度及注目性基本与绿色相同,给人的心理感觉与绿色也差不多,只是比绿色显得更冷静。

1. 纯色的心理特点　凉爽、深远、安宁、幽静、平稳、智慧,有身临深海和清泉的感觉(彩图29)。

2. 纯色加白的心理特点　高洁、秀气(彩图30)。

3. 纯色加黑的心理特点　顽强、庄严(彩图31)。

七、蓝色

蓝色的注目性和视认性都不太高,但在自然界如天空、海洋均为蓝色,面积相当大。蓝色给人以冷静、智慧、深远的感觉,是使人心绪稳定的色彩。

1. 纯色的心理特点　无限、透明、沉静、理智、高深、简朴,使人联想到天空、水面、太空(彩图32)。

2. 纯色加白的心理特点　清淡、聪明、伶俐、高雅、轻柔(彩图33)。

3. 纯色加黑的心理特点　充满奥妙（彩图34）。

八、蓝紫色

蓝紫色与黄绿色的刺激相反，是明度很低的色彩，所以纯度效果显不出力量，注目性较差，明视度必须靠背景的衬托。

1. 纯色的心理特点　深远、崇高、珍贵（彩图35）。

2. 纯色加白的心理特点　幽静、谦让（彩图36）。

九、紫色

紫色因与夜空、阴影相联系，所以富有神秘感。紫色给人以高贵、庄严之感，故被称为是王侯贵族的色彩。女性对紫色的嗜好性很高，淡紫色使女性更优雅、温柔，而深紫色会让人感觉华丽性感。

1. 纯色的心理特点　优美、优雅、高贵、温柔，使人联想到朝霞、紫云（彩图37）。

2. 纯色加白的心理特点　女性化、清雅、含蓄、清秀、娇气、羞涩（彩图38）。

十、紫红色

紫红色指视认性、注目性和冷暖程度介于红色与紫色之间，该色的嗜好率很高。对忧郁症、低血压的人有治疗作用。

1. 纯色的心理特点　温暖、热情、浪漫、娇艳、华贵、富丽堂皇、甜蜜、开放、大胆、享受（彩图39）。

2. 纯色加白的心理特点　温雅、秀气、细嫩、柔情、美丽、甜美（彩图40）。

《论语》中说："恶紫之夺朱也"。其意有二：一是说紫色要慎用，少用贵而艳丽，多用则庸俗不堪；二是说红紫为间色，紫红相间就弱化了红色色相的对比程度，削弱了红色的感召力。所以紫色系的纺织品虽然显现出高贵、典雅的感觉，但在配套家用纺织品中应适当应用。

另外，白色和黑色都是无彩色。白色是全色相，能满足视觉生理需要，与其他色彩混合均能取得很好的效果。给人以洁白、明快、清白、纯粹、真理、朴素、神圣、光明的感觉，所以在纺织品中经常用到（彩图41）。黑色也是全色相，在心理上是一个特殊色，黑色本身无刺激性，但是与其他色彩配合则能增加其他色的刺激性，取得很好的效果。所以黑色很少单独出现，而是经常与其他色彩配合（彩图42）。

第二节　色彩的对比

当两个以上的系色放在一起，比较其差别及相互间的关系，构成了色彩对比关系，简称色彩对比。在纺织品图案中各种色彩和花形在构图中的面积、形状、位置和色相、纯度、明度以及心理刺激的差别构成了纺织品色彩之间的对比。差别越大，对比效果越明显，缩小或减弱这种对比效果便趋于缓和。从一定意义上讲，装饰色彩配合都带有一定的对比关系，因为各种色彩在构图中并不是孤立出现的,而总是处于某种色彩的环境之中,因此色彩对比作用在色彩构图中是客观存在的,只是在表现形式上有时强、有时弱。家用纺织品色彩诱人的魅力常常在于色彩对比因素的妙用。

一、色相对比

色相对比是利用各色相的差别而形成的对比。色相对比的强弱可以用色相环上的度数来表示。一般色相对比方法如下。

1. 同类色相对比 色相距离在色环中15°以内的对比,一般看作同色相即不同明度与不同纯度的对比,因为距离15°的色相属于较难区分的色相,这样的色相对比称为同类色相对比,是最弱的色相对比。如红色系中深红、朱红、橘红等色的组合,蓝色系中深蓝、湖蓝、浅蓝的组合等。同一色相的配色,色彩极易调和,但由于对比不明显,容易产生单调感。因此,在配色时要注意加强各色彩之间的明度、纯度和色相的对比,使其在调和统一中求得对比明快的效果(彩图43)。

2. 邻近色相对比 距离在15°~45°的色相对比,称为邻近色相对比或近似色相对比,这是较弱的色相对比,如红—橙—黄,黄—绿—蓝绿,或绿—蓝—蓝紫等。由于类似色相之间邻近,色彩逐渐变化,秩序性强,故色彩的组合配色十分协调,极容易形成统一的色调。并且与同一色相的配色相比又不乏色彩变化,其配色效果调和统一又清新明快(彩图44)。

3. 对比色相对比 距离在130°左右的色相对比一般称为对比色相对比,是色相中等对比。对比色的配色是色相环上120°之间的色相配合,如红—橙—黄—黄绿,黄—黄绿—蓝—蓝紫等(彩图45)。

4. 互补色相对比 距离在180°左右的色相对比,称为互补色相对比,是最强的色相对比。如红—黄—绿,黄—蓝—紫,蓝—红—橙等(彩图46)。

5. 不同色相对比之间的差异 在纺织品中,如果花形与底纹属于同类色相对比,虽然是不同色相,但是近似于同一色相的配合。这样的配色易于单调,必须借助花形或底纹明度、纯度对比的变化来弥补色相感的不足。

类似色相对比要比邻近色相对比明显。类似色相含有共同的色素,它既保持了邻近色的单纯、统一、柔和、主色调明确等特点,同时又具有耐看的优点。所以其色彩构成的纺织品多受人们的青睐。但如不注意明度和纯度的变化,也易显得单调,若运用小面积的对比色花形或以灰色花形作点缀色可以增加色彩生气。

对比色相的对比,色感要比类似色相对比更具有鲜明、强烈、饱满、华丽、欢乐、活跃的感情特点,容易使人兴奋、激动。

互补色相对比能使色彩对比达到最大的鲜艳程度,强烈刺激感官,从而引起人们视觉上的足够重视,达到生理上的满足。在运用同类色、邻近色或类似色配色时,如果色调平淡无味,缺乏生气,那么恰当地使用互补色则会得到改善。互补色相对比的特点是强烈、鲜明、充实、有运动感,但是也容易产生不协调、杂乱、过分刺激、动荡不安、粗俗、生硬等缺点。

二、明度对比

明度对比是色彩明暗程度的对比,也称色彩的黑白度对比。明度对比是色彩构成的最重要因素,色彩的层次与空间关系主要依靠色彩的明度对比来表现。只有色相的对比而无明度对比,图案的轮廓形状难以辨认;只有纯度的对比而无明度的对比,图案的轮廓形状更难辨认。它是色彩对比的一个重要方面,是决定色彩方案感觉明快、清晰、沉闷、柔和、强烈、朦胧与否的关键。

(一)明度的三个基调

1. 高明度基调　使人联想到晴空、清晨、朝霞、昙花、溪流等。这种明亮的基调给人的感觉是轻快、柔软、明朗、娇媚、纯洁(彩图47)。如果室内采光一般或采光较弱时应尽量选用高明度基调的纺织品,如室内采光十分充足时则尽量避免选用高明度基调的纺织品。

2. 中明度基调　给人朴素、稳静、老成、庄重、刻苦、平凡的感觉(彩图48)。

3. 低明度基调　给人沉重、浑厚、强硬、刚毅的感觉(彩图49)。

(二)明度对比基本类型

以色彩在明度方面的差别划分9色级数,通常把1~3级划为低明度区,4~6级划为中明度区,7~9级划为高明度区。在选择色彩进行组合时,当基调色与对比色间隔距离在5级以上,称为长(强)对比,距离为3~5级称为中对比,距离为1~2级称为短对比。据此可划分为9种明度对比基本类型。

1. 高长调　如9:8:1等,其中9为浅基调色,面积应大;8为浅配合色,面积也较大;1为深对比色,面积应小。该调明暗反差大,给人刺激、明快、积极、活泼、强烈的感觉。

2. 高中调　如9:8:5等,该调明暗反差适中,给人明亮、愉快、清晰、鲜明、安定的感觉。

3. 高短调　如9:8:7等,该调明暗反差微弱,不易分辨,使人感觉优雅、柔和、高贵或软弱、朦胧、女性化。

4. 中长调　如4:6:9或7:6:1等,该调以中明度色作基调、配合色,用浅色或深色进行对比,使人感觉强硬、稳重中显生动、男性化。

5. 中中调　如4:6:8或7:6:3等,该调为中对比,使人感觉较丰富。

6. 中短调　如4:5:6等,该调为中明度弱对比,使人感觉含蓄、平板、模糊。

7. 低长调　如1:3:9等,该调深暗而对比强烈,使人感觉雄伟、深沉、警惕、有爆发力。

8. 低中调　如1:3:6等,该调深暗而对比适中,使人感觉保守、厚重、朴实、男性化。

9. 低短调　如1:3:4等,该调深暗而对比微弱,使人感觉沉闷、忧郁、神秘、孤寂、恐怖。

另外,还有一种最强对比的1:9最长调,使人感觉强烈、单纯、生硬、锐利、炫目等。

三、纯度对比

纯度对比是指较鲜艳的色与含有各种比例的黑、白、灰色彩的对比,即模糊的浊色的对比。两种以上色彩组合后,由于纯度不同而形成的色彩对比效果即为纯度对比。它是色彩对比的另一个重要方面,但因其较为隐蔽,故易被忽视。在色彩设计中,纯度对比是决定色调感觉华丽、高雅、古朴、粗俗、含蓄与否的关键。目前现有染料、颜料和印刷油墨等色料纯度是很低的,因此纯度对比的范围实际上缩小了。

(一)降低色彩纯度的方法

1. 加白　纯色混合白色可以降低其纯度,提高明度,同时色性偏冷。如曙红+白=带紫青的粉红,黄+白=冷色浅黄。各色混合白色后会产生色相偏差。

2. 加黑　纯色混合黑色,降低了纯度,也降低了明度。各色加黑色后,会失去原来的光亮感而变得沉着、幽暗。

3. 加灰　纯色加入灰色,会使色味变得浑浊;相同明度的纯色与灰色相混合,可以得到相同明度而不同纯度的含灰色,具有柔和、软弱的特点。

4. 加互补色　加互补色等于加深灰色,因为三原色相混合后得深灰色,而一种色如果加它的补色,其补色正是其他两种原色相混合所得的间色,所以也就等于三原色相加。如果不是原色,在色环上看,任何一种色具有两个对比色,而它的补色正是这两个对比色的间色,即等于三个对比色相加,即等于深灰色。所以,加互补色也就等于加深灰色,再加适量的白色可得出微妙的灰色。

(二)纯度的三个基调

1. 低纯度基调　易产生脏灰、含混、无力等弊病。

2. 中纯度基调　具有温和、柔软、沉静的特点。

3. 高纯度基调　具有强烈、鲜明、色相感强的特点。纯色相组成的基调为全纯度基调,是极强烈的配色;如果是对比色相组成的全纯度基调,则易产生炫目、杂乱和生硬的感觉。

在纺织品图案中经常以低纯度作底纹或背景,以高纯度作主体,这样可以明确体现主题(彩图50)。

(三)纯度对比基本类型

如将灰色至纯鲜色分成10个等差级数,通常把1~3级划为低纯度区,4~7级划为中纯度区,8~10级划为高纯度区。在选择色彩组合时,当基调色与对比色间隔距离在5级以上,称为强对比;距离为3~5级称为中对比,距离为1~2级称为弱对比。据此可划分出9种纯度对比基本类型。

1. 鲜强调　如10:8:1等,使人感觉鲜艳、生动、活泼、华丽、强烈。

2. 鲜中调　如10:8:5等,使人感觉较刺激,较生动。

3. 鲜弱调　如10:8:7等,由于色彩纯度都高,组合对比后互相抵制、碰撞,故使人感觉刺目、俗气、幼稚、原始、火爆。如果彼此距离拉大,这种效果将更为明显、强烈。

4. 中强调　如4:6:10或7:5:1等,使人感觉适当、大众化。

5. 中中调　如4:6:8或7:6:3等,使人感觉温和、静态、舒适。

6. 中弱调　如4:5:6等,使人感觉平淡、含混、单调。

7. 灰强调　如1:3:10等,使人感觉大方、高雅而又活泼。

8. 灰中调　如1:3:6等,使人感觉沉静、较大方。

9. 灰弱调　如1:3:4等,使人感觉雅致、细腻、耐看、含蓄、朦胧、较弱。

另外,还有一种最弱的无彩色对比,如白:黑、深灰:浅灰等,由于对比中的各色纯度均为零,故感觉非常大方、庄重、高雅、朴素。

四、冷暖对比

从色彩心理考虑,把红、橙、黄称为暖色,橙色称为暖极色;绿、青、蓝称为冷色,天蓝色称为冷极色。在无彩色系中,白色称为冷极色,黑色称为暖极色。暖色加白变冷,冷色加白变暖。另一方面,纯度越高,冷暖感越强;纯度降低,冷暖感也随之降低。

利用冷暖差别形成的色彩对比称为冷暖对比。色彩冷暖的对比可以分为四组。

1. 冷暖极强对比　暖极色与冷极色的对比,即橙色与蓝色对比。

2. 冷暖的强对比　暖极色与冷色的对比,冷极色与暖色的对比。

3. 冷暖的中对比　暖色与中性微冷色的对比,冷色与中性微暖色的对比。

4. 冷暖的弱对比　暖色与暖极色的对比,冷色与冷极色的对比。

夏天,人们习惯穿白色或浅色服装,原因之一是白色、浅色反光率高,所以有凉爽感。冬天,人们习惯穿黑色及深色服装,原因是黑色、深色反光率低,吸光率高,故有温暖感。在空间感上,暖色有前进和扩张感,冷色有后退和收缩感。通常,若想使狭窄空间变得宽敞,应使用明朗的冷调。应用于医院、学校、工厂的纺织品主要以冷色为主(彩图51),应用于家庭、旅馆的纺织品应以暖色调为主(彩图52)。

五、面积对比

面积对比是指各种色彩在构图中占据量的对比,这是数量的多与少、面积的大与小的对比(彩图53)。色彩感觉与面积对比关系很大,同一组色,面积大小不同,给人的感觉不同。在纺织品图案设计时,有时会感到色彩太跳,有时则显得力量不足,为了调整这种关系,除改变各种色彩的色相、纯度外,合理安排各种色彩占据的面积也是必要的。

设计规律是面积相当,对比效果好,调和效果差。面积对比悬殊,对比效果差,调和效果好。

第三节　色彩的调和

一、色彩调和的一般规律

色彩调和的规律,无法像数学那样用公式来表示,因为人们对色彩的感受存在很多主观成分。设计家用纺织品图案时,可参照以下一般规律。

1. 邻近色调和　相邻近的两色,即短色距配合在一起时,彼此调和。因为其色相与明度区别不大,基本上属同一类性质的色素,如红与橙、橙与黄、黄与绿等(彩图54)。

2. 同类色调和　同类色之间调和,即一个色相中不同明度的颜色配合在一起时,一般均较调和。如红色的同类色,紫红、正红、橘红、浅红之间搭配显得调和;白色的同类色,纯白、黄白、青白,搭配在一起也很调和(彩图55)。

3. 冷、暖色调和 暖色调同时使用可调和,冷色调同时使用也可调和(彩图56)。

4. 加色调和 在各种色相中加上黑、白、金色能使不调和的颜色达到调和(彩图57)。

色彩对人的刺激使人产生不同的感性反应,这些心理状态有的是本能反应,有的是由于长期经验的积存,有的则是对自然、环境、事物的联想。这些色彩的感性反应,还由于人的性别、年龄、爱好和生活环境的差异而各有不同。一件色彩调和的家用纺织品,可使人们从色彩效果中得到感情的抒发。

二、色彩的对比调和作用

色彩对比调和作用主要是指色相的纯度与明度在对照关系中所产生的作用,一般有以下几种。

1. 亮色与暗色的对比调和 亮色与暗色同时运用在同一物体,会产生不同程度的衬托作用。在颜色的各色相中黄色最亮,紫色最暗。若将黄色与紫色安排在一起,黄色被紫色衬托,显得更亮;将黑、白两色安排在一起,黑色被白色衬托,显得更暗。这就是明色与暗色的对比作用。应用这种一明一暗的配色方法,可使画面产生明快的主调,增强感观刺激效果(彩图58)。

2. 不同底色的对比调和 明暗度相同的颜色处在不同的底色中,其明暗度会不同。如白色方块被黑色包围时,白色好像亮了一些;白色方块被灰色包围时,白色好像不那么亮了;黑色方块被白色包围时,黑色变得更深了;黑色方块被灰色包围时,黑色变浅了。由此可以得出结论:明度高的色彩,如白、黄、橙要用暗底色衬托;明度低的色彩,如正红、火红、墨绿、紫、黑等要用明底色衬托。这种色彩的对比作用,可应用在图案主体与背景的搭配上(彩图59)。

3. 嵌入明暗线条的对比调和 两个明暗度相距不大的色相安排在一起,如将白与黄、红与橙、橙与黄、绿与紫安排在一起,而且两个色相所占面积相差又不悬殊,在两色交界处明暗度会有改变,产生模糊的感觉(彩图60)。解决这种不良现象的方法是在两色的交界处嵌入明度较亮或较暗的线条,起到对比的过渡作用。

4. 对比色的对比调和 对比色安排在一起,呈现两色相对立、色光相等的向外扩张趋势。如红与绿、红紫与黄绿、黄与紫、黄橙与蓝紫,每两色之间纯度对比作用强,明暗对比作用弱,所以产生色相对立、色光向外扩张的现象,此种配合比较鲜明强烈,画面活跃,协调效果好(彩图61)。此法可用于地毯、挂毯的图案设计上。

三、家居色彩搭配

家居色彩设计的根本问题是配色问题,从这个意义上讲,任何颜色都没有高低贵贱之分,家居色彩搭配效果的关键在于处理好不同色彩之间的相互关系。同一颜色在不同的背景下,其色彩效果截然不同,这是色彩所特有的敏感性和依存性。因此,如何处理好色彩之间的协调关系,就成为配色的关键问题。

色彩的近似调和与对比调和在家居色彩设计中都是需要的。近似调和固然能给人统一和谐的平静感觉,但对比调和在色彩之间的对立、冲突所构成的和谐关系却更能动人心魄,关键要正确处理和运用色彩的统一与变化规律。

当人们注视红色一定时间后,再转视白墙或闭上眼睛,仿佛会看到绿色（即红色的补色）,反之亦然。这种现象是视觉器官按照自然的生理条件,对色彩的刺激本能地进行调节,以保持视觉上的生理平衡,并且只有在色彩的互补关系建立时,视觉才能得到满足而趋于平衡。这就是考虑色彩平衡与调和时的客观依据。

相同色相系列的浓淡配色,因为色相相同或相近,所以易于调和,这种色彩组合会富于戏剧效果,近乎舞台布景,但要审慎使用。因为只用一种色彩的居室,特别是强度大、色度深的色彩,很容易造成过度渲染。稳妥的方法是采用略呈灰色的中低明度色彩。

(一)类似调和

类似调和强调色彩要素中的一致关系,追求色彩关系的统一。

1. 同一调和　在色彩三要素中,某种要素完全相同,变化其他要素,即同一调和。如同一色相调和(变化明度与纯度)等。

2. 近似调和　在色彩三要素中,某种要素近似,变化其他要素,被称为近似调和。它比同一调和有着更多的变化因素,如近似色相调和(变化明度与纯度)等。

以上的同一调和与近似调和,都应遵循统一中求变化的原则,要依靠这一原则来处理二者对立统一的组合关系。

(二)对比调和

在家居色彩设计上,强调变化而形成的色彩关系称为对比调和。在这个过程中,色彩三要素可能处于对比状态,所以室内色彩更富于活泼、生动、鲜明的效果。要想达到既变化又统一的和谐美,不能依靠要素的一致,而要依靠某种组合的秩序来实现。

互补色调即对比色。运用对比色令室内生动,使人能够很快加以注意并引起兴趣。但采用对比色必须慎重,其中一色应始终占支配地位,使另一色保持原有的吸引力。过强的对比有令人震动的效果,但可用明度来“软化”,使原本强烈的对比关系得以缓解,获得相对平静协调的效果。互补色往往最显眼、最生动,但同时又最难获得圆满的效果。因为所选色彩一旦出差错就会造成整个色彩组合不和谐,因此可模仿那些成功的配色实例。

(三)几何法调和

在孟赛尔色环上确定某种变化的位置也可以形成对比协调的色彩效果。这类位置通常是以几何形状出现的,如三角形协调、四边形协调等。三角形协调是将色环内任何三种等距离的色彩结合,较适合儿童,但长期使用会使成人产生厌烦情绪。四边形协调由任意两对互补色组成,这是很难掌握的色彩搭配。

(四)单纯色调和

在某些黑白对比环境中,还可加进若干纯度较高的色彩,如黄或绿,蓝或红。因无色彩占据支配地位,纯色只起点缀作用。这种协调方式令色彩丰富而不乱,纯度面积虽小却重点突出,因此被设计师广泛采用。

（五）无彩色调和

孟赛尔色环的立体中心轴是由黑、白、灰构成的明度变化系列,是一种十分高级和高度吸引人的色调,使用该色调,有利于突出周围环境的表现力。

值得一提的是,时下随着黑白家居装饰风潮的流行,黑白配饰也开始崭露时尚头角。布艺沙发、窗帘、桌布等黑白色调的家居装饰品比比皆是,点缀出家中一方静谧的天地。

黑白家纺配饰的风格逐步呈现出由沉稳走向年轻的趋势,设计沿袭了常规的几何美学以及曾经风靡一时的波普艺术。色彩上,纯黑白为主,连带色为辅。纯黑纯白为此类配饰的主要流行色,灰色、不锈钢色、银色等黑与白之间的过渡色也运用较多,这些颜色搭配黑色或白色十分耀眼。靠近黑色的棕黑色、咖啡色、墨绿色以及接近白色的米色、奶白色、岩石色等中间色同样开始流行,并与纯黑纯白色搭配出现,虽不如黑白色自行组合醒目,但色彩的多样化也为饰品增添了许多柔和气质。图案上,多见几何图,青睐图形画。黑白方格、菱形格、条纹、圆点、螺旋纹、千鸟格、方圆结合等非常多见。除此之外,印花、文字、卡通涂鸦、水墨山水等图画的出现,或惟妙惟肖或抽象无厘头,生动有趣,令人享受视觉的绚烂,尤其受到年轻消费者的青睐。造型上,干练简洁,模仿人物造型。黑白色调的家饰品,剔除繁冗的装饰风格,线条干练,造型简洁,除了较多运用方形、圆形、三角形以及立体棱柱造型外,还模仿大自然人物和动植物造型,黑白色调交相辉映,烘托出当今新黑白主义的美丽。

第四节　常用配色方案

家用纺织品柔化了家居空间生硬的线条,赋予了一种温馨的格调,或清新自然,或典雅华丽,或情调浪漫等,在实用功能上更具有独特的审美价值。以窗帘、地毯、床上用品等的色调结合家具色彩,就可以确定居室的主色调。主色调要避免色彩对比过分强烈、复杂。卧室的布置要以床为中心,床上用品可以丰富多彩,但夏季的床上用品则应以淡雅为主色调,给人清爽的感觉。居室的中心内容,色彩可鲜艳,但所有陪衬色不宜超过中心色。如果选用浑厚端庄的古典色调,可选择暗红和栗色。每个房间都应有用于小面积纺织品的,画龙点睛的点缀色,如当墙布、窗帘、地毯、沙发布等已处于和谐统一的色彩系统时,电视机套、枕巾等可选用跳跃、明快且对比性较强的颜色,但点缀色不能太多,一两处即可。就一般习惯而言,窗帘、墙布、床罩、沙发布等在色彩上也有自身的特点,如墙布一般不宜用鲜艳的色彩,尤其是夏季,应选用浅淡、柔和、偏冷的色相,如苹果绿、湖蓝等,这些色彩有扩大空间、衬托家具的作用。窗帘如果是双层,透明的一层色彩宜浅,外层不透明的一层色彩宜深。以下是几种常用的配色方案。

（1）可爱、快乐、有趣的配色(彩图62)。

（2）华丽、花哨、女性化的配色(彩图63)。

（3）狂野、充沛、动感的配色(彩图64)。

（4）轻快、华丽、动感的配色(彩图65)。

（5）柔和、洁净、爽朗的配色(彩图66)。

（6）运动、轻快的配色(彩图67)。

（7）柔和、明亮、温和的配色(彩图68)。

思考与练习

1. 绘制一幅中明度基调的图案。

2. 在配色方案中任选一组色彩作一幅图案。

第八章　印花图案设计

● 本章知识点 ●

1. 印染工艺与印花图案设计之间的关系。
2. 家纺印花图案的创意文案。
3. 家纺印花图案的创意。
4. 连续纹样的跳接法。
5. 印花图案的分色描稿。

第一节　印花方法与工艺

印花是一门集化学、物理、机械于一体的综合性技术。织物印花是将染料或涂料制成色浆并施于纺织品上,使其突显出花纹图案的系列加工过程。其工艺主要由图案设计、分色描稿、雕刻制版、仿色打样、调浆印制等工序组成。

印花图案设计是纺织品印花过程中的一个重要组成部分,是集印花、染色工艺、美术设计于一体的创造性劳动。印花纺织品是艺术与技术相结合的产物。印花图案设计与印花生产是一个紧密相扣的环节,印花图案的设计必须考虑企业的生产设备、工艺技术能力与水平,以利于图案设计顺利地转化为产品。同时,印花图案的创作又不能墨守成规地循着原有工艺亦步亦趋,而要在充分了解企业工艺技术、设备水平的前提下,随着时代的发展和科技的进步,通过不同于常规的设计创新,从更新更广的角度促进企业生产工艺和设备的提高与发展。另外,生产工艺也要不断创新提高,为图案设计创造更好的条件,以促使图案设计的新观念、新思潮、新方法、新风格的形成。

印花产品在家用纺织品中占有非常重要的地位。印花产品是一种大众消费产品,且印花产品的生产工艺和产品开发较其他品种容易,故印花产品每年都是相关企业的开发重点。印花产品使用方便,较能突出时尚和个性,特别是在花型的设计方面,具有很大的表现空间和张力,通过图案设计可以满足不同年龄和不同阶层人们的需求,这些都决定了印花产品能够迅速普及并不断发展。

一、印花方法及对印花稿的要求

(一)型版印花及对印花稿的要求

按照设备的不同,印花方法可分为以下几种,它们对图稿的要求也各不相同。

型版分为凸版和镂空版。

1.凸版　凸版也称木模版、阳文版。凸版图案一般用手工雕刻在硬质木板上,其雕刻的技术性很强,要求制作人员有丰富的经验和娴熟的技巧。当印花图案的面积较大时,则采用有一定硬度、高低等齐的片状金属条弯曲成图形的轮廓,嵌入木板进行固定,形成内空的框,再用毛毡类材料填充。这类模版印制的图形轮廓清晰,着色比较均匀,同时适合印制较细的线条和较小的点。印制时,先在模版上涂抹均匀的色浆,然后捺印在织物上即可获得印花面料。凸版可分为平板(图8-1)和滚筒式(图8-2)两种。

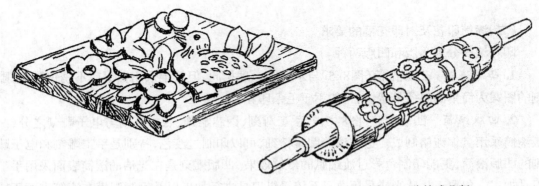

图8-1　平板凸版　　　　　　　　　　　　图8-2　滚筒式凸版

凸版的图案一般直接绘制在木板上,也有将图案绘制在较薄的纸上,再粘贴在木板上进行雕刻。

由于凸版一般只能制作比较简单的图形且费时费工,我国现在已很少应用。

2.镂空版　古代的镂空版大都采用木板为原料进行加工。将需要印制的图案复制或直接绘制在木板上,再根据图案的形状雕刻镂空木板(图8-3)。将镂空版覆盖在织物上,在镂空处涂刷染料色浆而形成印花布。或是采用防染法在镂空处的织物上涂刷用豆粉、石灰混合调制的浆料,干燥后浆料形成一层防染膜,将织物置于靛蓝染缸浸染,晾干后刮去防染膜而形成蓝地白花或白地蓝花的印花织物,称为蓝印花布,宋、元时期称为药斑布。后来镂空版发展为采用金属版或油纸版(图8-4)制作,图案比木制镂空版精致得多。

由于传统镂空版常采用不同的点或短线配合大小不同的块面组合纹样,因此纹样显示出浓厚的乡土气息和淳朴的艺术美。在设计镂空版图案时,若是采用直接涂刷印花方式,设计稿中的线条则要求分段处理,图形与图形之间不能衔接在一起,否则会造成版型部分脱落而无法生产;面积也不要太大,否则颜料很难涂刷均匀。若采用防染法的蓝地印花方式,设计方法与直接法基本相似;若采用防染法的白地印花方式,则图形与图形之间可以衔接,图形外的线条可以连贯并相互交错,块面图形内的白色线条和小块面却必须分段处理并与图形外缘衔接,否则也会造成版型的部分脱落。

镂空版的印花方式因其特别的印制效果和特殊的民族风格,仍被很多国家和地区采用。

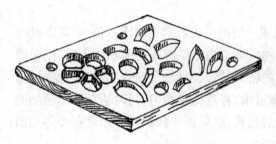

图8-3 木质镂空版　　　　　　　　　图8-4 纸质或金属镂空版

(二)滚筒印花及对印花稿的要求

印花滚筒分为凸版和凹版两种。

1. 凸版滚筒　凸版滚筒(图8-5)与木模版原理相同,但其辊采用黄铜或不锈钢制成,雕刻的图案为简单的斜条带状纹,一般用于毛条印花。

2. 凹版滚筒　凹版滚筒(图8-6)有手工雕刻、钢芯雕刻、照相雕刻与电子雕刻之分,凹版滚筒采用黄铜镀铬制成。这类滚筒图案精细,可以印制过渡色,特别是手工雕刻和电子雕刻的凹版滚筒,更能印制色彩过渡细腻的晕纹效果。凹版雕刻是在光洁的滚筒表面采用手工刀具加工、包覆正片感光或采用电子系统操纵刀具进行加工以及钢制阳模在滚筒表面压轧制成凹形花纹的方法。图案部分是低于滚筒平面的凹下区域,以利于色浆的存入。印制时,通过色浆刮刀刮去滚筒上没有图案部分的色浆,织物通过凹版滚筒与橡皮承压辊的挤压,使色浆吸附到承载物上而获得印花图案。

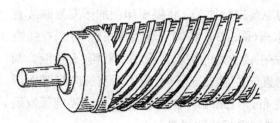

图8-5 凸版滚筒　　　　　　　　　　图8-6 凹版滚筒

另外,凹版滚筒印花是在与之平行的钢制刮刀辅助下进行的,为避免刀口卡住滚筒上图案处的凹进部位,纹样中绝对禁止出现较长纬向直线条。同时凹版滚筒印花不适合印制织纹太粗的织物。

凹版滚筒印制的图案细腻、层次丰富、色彩过渡柔和,且因滚筒的吸色量小而比较节省色料。

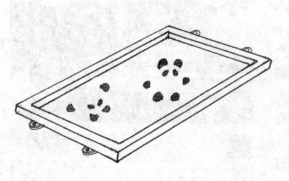

图8-7　平版筛网印花版

(三)平网印花及对印花稿的要求

平网印花也称平版筛网印花,这是根据镂空版原理发展起来的一种印花方式。筛网一般采用绢网、尼龙丝网、聚酯丝网或不锈钢丝网绷在金属或木制的网框上,通过黑稿片基在涂刮了感光胶的网版上感光,冲洗掉图案部位没感光的胶层,制作成有镂空网孔的印花版(图8-7)。

1. 手工台板平网印花　在一定长度的平台上铺毛毯再覆盖防水胶布使之易于洗去污垢。台板的纵向两沿各装有导轨,并有可调节的对花定位装置。印花时,按定位距离放下网框让其与织物全面接触并进行刮印,一般在印花中都是由多只网框根据花型及工艺特点,按一定顺序先后刮印重叠而成。台板下装有蒸汽散热片,使织物在刮印后即能干燥,当多种色浆套印时,可保持花纹轮廓的光洁,防止渗化。印花刮刀由橡胶制成,刮印时刮刀的角度、压力和刮浆次数按工艺要求而定,如图8-8所示。

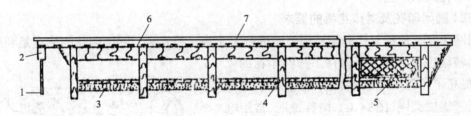

图8-8　手工台板平网印花机

1—排水管　2—排水槽　3—底板　4—台脚　5—变压器　6—加热层　7—台面

这种印花方法的特点是对花形大小、套色多少和织物种类的限制较少,印花产品的色泽浓艳,花纹精细,常用于高档纺织品。但手工刮印的劳动强度较高且需要掌握熟练的操作技术。

2. 半自动台板平网印花　这种印花方式是网动型的。通常是先将织物粘贴在长台板表面,装有筛网的刮印行车在轨道上运行,自动完成网版在布面上定位和升降动作,控制刮刀的刮印次数,保证印花的精确度。用该印花方式印制的产品色泽浓艳、透印效果好,但精细程度不如手工。

3. 全自动台板平网印花　这是一种布动型的印花方式。将织物粘贴于无缝环形橡胶导带上,按印花网框尺寸做等距离间歇移动,并使布面上方平行排列的筛框同时下降或上升,刮印后的织物通过两框之间空隙上设置的红外线烘干装置烘干,以保证前面印制的色浆尽快干燥而使图案保持清晰的轮廓。这种设备的生产效率较高,占地面积较小。有的全自动平网印花机可印制20种颜色,但通常在考虑成本的情况下,一般采用印制6~12色较多,花样大小也可调节,灵活性较大。用该印花方法印制的产品色泽浓艳,有的设备门幅较宽,可印制宽门幅的纺织品。该方法适应小批量生产,能印制织纹较粗和弹性较大的织物。如图8-9所示则为全自动台板平网印花机。

图8-9　全自动台板平网印花机

图稿设计中,应根据印花版的规格来设定纸稿的尺寸,如果图形纹样较大,更需充分考虑在印花版上循环后留下的接头部位空隙的大小,因为版端的空余部位,尤其是径向两个部位是印制中存放色浆较多的位置,同时应考虑将图稿的接版部位设置为曲线形态,从而尽量避免接版时因细微的错位而产生压版、漏版所造成的格状疵。

图稿设计中,还应避免在同一个色中同时出现较大的块面和极细的点与线,因为这样对丝网的选择、印制中刮刀角度的设定、色浆稠与薄的调制都会造成一定难度,在生产中也极难消除印花疵的产生。

(四)圆网印花及对印花稿的要求

圆网印花是使用无接缝圆筒形筛网进行印花的一种方法。圆网印花的特点是利用圆网的连续转动进行印花,既保持了筛网印花的风格,又提高了印花生产效率。圆网印花的关键部件是无缝镍质圆网(图8-10),简称镍网,常用电铸成型法制成,网眼通常呈六角形。用于织物印花的镍网,一般以圆周为640mm的较多,目数为60~185。印制线条或精细花纹时需用较高的目数,以保证轮廓的整洁和清晰。圆网的印花版是采用感光法制成的。清洁后的镍网,经涂布感光胶层并干燥后,用已描样的片基包覆住圆筒筛网并在感光机上进行感光,洗去未感光部分的胶层,形成网孔花纹。色浆通过自动加浆机从镍网内部的刮刀架管喂入,不锈钢薄片制成的刮刀可调节高低和前后位置,控制刮浆量和透印程度。同时,织物从喂入装置进入并粘贴在无缝橡胶导带上与圆网同步运行。圆网机架上的对花调节装置,能调整各圆网的相对位置以达到对花要求。圆网印花机(图8-11)一般可印制6~

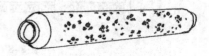

图8-10　圆网

图8-11　圆网印花机

20种颜色,目前国内通常使用的为卧式排列机型。

圆网印花能印制规矩的几何图案、弯曲的细线和细腻的植物筋络、动物毛皮以及径向长直线。印制的产品色泽艳丽,图案轮廓清晰。

图稿设计中,如果图稿经向尺寸与圆网周长一致,只要将图稿经向规格尽量符合圆周,那么在制版时,接版中容易出现的问题在描稿阶段就比较容易解决。同时图稿纬向规格也尽量考虑只比圆网长度的1/n略大,这样连续制版后印制出的织物成品中,出现半个主体形象的概率较小。如果图稿规格较小,经纬向都只是圆网长度的1/n,那么更要认真审查每一个边的接版情况,以免造成格形印花疵。

(五)转移印花及对印花稿的要求

转移印花是一种经转印纸将染料转移到织物上的工艺过程。先将印花染料及助剂配制成有色墨剂,通过滚筒印刷制成有图案的转印纸,再将转印纸和织物紧密贴合并加压加热,转印纸上的染料被转印到织物上而制得精细的图案。转移印花有升华、泳移、熔融和油墨层剥离等几种方法。

1. 升华法　转印纸油墨层中的染料通常是分散染料,利用升华特性使染料从转印纸转移到纤维上并固着。升华法一般无需湿处理,可节约能源和减轻污水处理的负荷。在涤纶上转移印花的升华法技术比较成熟,所用的分散染料在转移温度下有足够的蒸汽压,在纤维中也有良好的扩散性,对转印纸的亲和力很低。转移温度常在200~300℃,时间10~30s,不同的纤维织物转移的温度和时间均不相同。升华法转移印花的设备有以下几种。

(1)平板加压转移印花:将转印纸和织物放在两块热板之间,均匀加压,转印纸上的染料即气化而转印到织物上。这种设备一般采用电加热,也有采用热油或红外线加热的,最高温度可达250℃。其工作原理如图8-12所示。

(2)衬毯式滚筒转移印花:主要构件是可以加热的主滚筒和无缝环接的弹性衬毯。弹性衬毯由耐热的合成纤维制成。衬毯使转印纸和织物紧贴于主滚筒上,并在衬毯和织物之间夹入一层衬纸,防止沾污衬毯,热压时间约为20s,其工作原理如图8-13所示。

(3)真空抽吸式滚筒转移印花:主要构件是一个具有许多小孔的金属主滚筒,在主滚筒内抽真空,使包覆在主滚筒外面的织物和转印纸紧贴于滚筒上。用红外线加热器在转印纸的

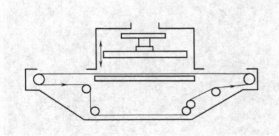

图8-12　平板加压转移印花示意图

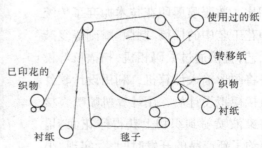

图8-13　衬毯式滚筒转移印花示意图

背面加热，使转印纸上的染料转印到织物上。

升华转移印花工艺过程相对简单、生产效率高、节约能源，转印纸的储存对客户的花样选择提供了便利的条件，企业也不必大量囤积印花产品。同时升华转移印花工艺对图稿设计的限制比较小，印制的图案层次清晰、色彩丰富、形象生动逼真，表现力极强（图8-14）。图稿可以采用各种技法任意发挥（图8-15），均能达到较好的效果。

2. 泳移法 转印纸油墨层中的染料按纤维性质选择。织物先经含有固色助剂和糊料等混合液浸轧处理，然后在湿态下通过热压泳移，使染料自转印纸转移到纤维上并固着，最后经汽蒸、洗涤等湿处理。转移时在织物和转印纸间需有较大的压力。

泳移法的工艺虽然目前还不是十分成熟，但由于有些类型的织物，特别是棉织物无法通过升华法进行转移印花，因此该方法很受业内广泛关注。

3. 熔融法 转印纸的油墨层以染料与蜡为基本成分，通过熔融加压将油墨层嵌入织物，使一部分油墨转移到纤维上，然后根据染料性质做相应的后处理。熔融法需要较大压力，压力越大转移率越高。

4. 油墨层剥离法 转印纸油墨层遇热后对纤维产生较强的黏着力，在较小的转移压力下就能使整个油墨层自转印纸转移到织物上，再根据染料性质做相应的固色处理。

（六）数码喷墨印花及对印花稿的要求

数码喷墨印花技术是一种将信息技术、精密机械设计、机电一体化控制技术、精细化工技术、纺织材料等多领域有机结合的技术。与传统印染系统相比，数码喷墨印花技术抛弃了传统印花工艺中的描稿、制版、雕刻等复杂工艺，直接通过数码相机、扫描仪等设备将图形输入计算机，利用设计软件直接模拟设计后，用计算机喷嘴直接将染液喷射到织物上获得印花面料。节约了新产品的开发时间，为实现"小批量、多品种、快反应"的产品需求打

图8-14 转移印花极强的表现力

图8-15 技法可任意发挥的转移印花图稿

下了基础。打样时间也由原来的2~4周缩短到1h,同时还大量节约了染化料和能源并减少了污染。消费者可自主选用或自行设计花型图案,通过互联网向印花厂发出订单,满足个性化需求。因此,数码喷墨印花符合国际上对纺织品生产的环保要求,符合纺织品的消费潮流,是印花的发展方向。

数码喷墨印花的图稿设计通过计算机印花分色设计软件实现,其印花的精度高,结构、层次清晰,色彩丰富且富于变化,对图稿的工艺限制极小。如图8-16所示为数码喷墨印花机及其印制的产品。

图8-16　数码喷墨印花机及其产品

（七）其他印花方法

另外还有一些特殊设备的印花方法,如静电植绒印花和多色淋染印花等,都能在不同的织物上产生不同的特殊效果。

二、印花工艺及其表现重点

不同的印花工艺在生产中的应用也不同,企业会根据不同的织物用途、不同的设计要求而采用不同的生产工艺。

（一）直接印花

将按比例混合的染料(或颜料)、糊料和化学药剂的色浆直接印在白色或浅色的织物上,获得各种图案的印花方法称为直接印花。直接印花的工艺相对简单,操作方便,色泽鲜艳,能较好地反映图稿的设计效果。

（二）拔染印花

采用含有化学药剂的印花浆料进行印花,经药剂的作用破坏织物地色而获得图案的印花方法,称为拔染印花,这种化学药剂称为拔染剂。用拔染剂在织物上印制而获得白色图案的叫拔白,用耐拔染剂的染料与拔染剂混合的色浆印花,获得有色图案的叫色拔。拔染印花的织物地色均匀有厚实感、花型细腻有立体感、色彩浓艳有层次感。

（三）防染印花

用含有化学药剂的印花浆料印花,并能防止地色上染的印花方法称为防染印花,这种化学药剂称为防染剂。印花后经染色处理获得白色图案的为防白印花,在印花色浆中加入能耐受防染剂的染料再印花并染色,形成彩色纹样的为色纺印花。防染印花的织物图案轮廓清晰、色彩饱满、立体感强,一般深地浅花为多。

(四)防印印花

在印花机上完成的类似防染和拔染加工过程,称为防印印花。防印印花的方式是在织物上先印防印浆,然后在其上罩印地色浆,在印了防印浆的地方阻止了地色浆的上色而形成图案。这种方法生产的产品流程短,适合较大批量的生产。

(五)烂花印花

烂花印花也称烧花印花。一般在多种纤维交捻或混纺的织物上印花,其中一种或几种纤维是耐腐蚀的。在印花色浆中加入硫酸等腐蚀剂,印花后经特殊处理,不耐腐蚀的纤维被去掉,形成一种半透明的图案效果。在印花色浆中加入耐受腐蚀的染料,印出的为有色透明图案。印制的产品色彩柔和、晶莹通透,极具高档感。

(六)其他印花工艺

还有一些特殊材料,采用特殊的印花工艺,如发泡印花、金银粉印花、胶浆印花、发光印花和微胶囊印花等,这些印花工艺都能实现特殊的效果。

第二节　家用纺织品印花图案的创意及创意文案

一、我国各时期家纺印花图案的特点

(一)中国传统家纺印花图案

在中国传统印花工艺中,手绘、夹缬、蜡缬、扎缬、凸版印花、镂空版印花的出现、成熟与发展经过了一个漫长的时期。而在这个时期里,古代劳动人民创造了大量独具民族风格的染织图案,最突出的当属蓝印花布纹样。蓝印花布纹样当时被广泛应用于人们的外衣头饰、内衣兜肚、靴履包袱以及儿童的帽、裙、斗篷等,尤其是在大件的室内纺织品,如被褥帐幔、椅垫桌盖等中也被普遍采用。

传统家用纺织品图案的题材丰富多彩,纹样构图丰满,组织穿插生动,风格古朴飘逸。传统图案中,常采用寓意及谐音的手法来表达人们对美好生活的追求与向往(图8-17)。像双莲加鱼称年年有余(鱼),莲子花生加桂花称连生贵(桂)子,大象头上顶一如意称吉祥(象)如意,蝙蝠、鹿、桃、喜鹊组合在一起称福(蝠)禄(鹿)寿(寿桃)喜(喜鹊)全,喜鹊登梅枝称喜上眉梢。一幅松鹤常青图案的门帘表达了对长寿的祝愿;一床牡丹颂春的被褥寓意非富即贵;一对鸳鸯戏水的花枕寄予了对新人深深的祝福。这类图案中还有大量反映劳动人民对生产、生活、狩猎、娱乐活动的场景和对幸福美满人生的憧憬,如五谷丰登、丰衣足食、和睦恩爱、龙凤呈祥、喜庆盈门、天下太平等。另外,各种花卉如水仙、兰花、牡丹、芙蓉、桃花、锦葵、山楂、秋菊、石榴、梅花,各种动物如狮、虎、象、猪、牛、羊、鸡、鱼、孔雀、仙鹤、蝴蝶,各种用具如花瓶、香炉、桌椅、梳子,各种神器如八仙的扇子、宝剑、渔鼓、玉板、洞箫、花篮、荷花,人们心目中的各种神兽如龙、凤、麒麟等,也都被表现在蓝印花布上,以释放人们对美好事物的依恋心情。

蓝印花布图案大多以活泼的满地散花、严谨端庄的"四菜一汤"、横条竖条、活泼又不失

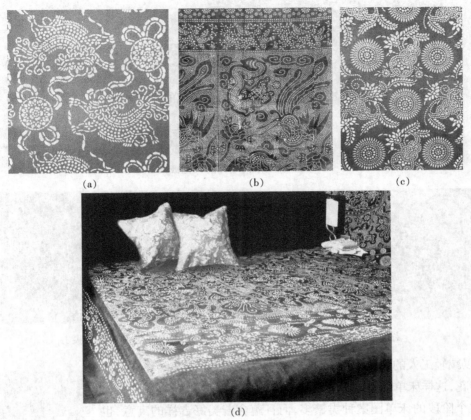

(a)　　　　　　　　(b)　　　　　　　　(c)

(d)

图8-17 蓝印花布图案

稳重的四周边框加中间散花、下边条花上面散花或独幅纹样的构图形式出现。这个时期的家用纺织品大多由民间作坊或家庭自行生产,系列配套的花型尤为多见。

(二)中国近代家纺印花图案

鸦片战争以后,国外机印花布开始输入我国市场,外商也逐步在我国开办印染厂,对蓝印花布及农村土布形成了极大的冲击。为了振兴民族工业,我国民族资产阶级相继在上海、青岛及天津开办了纺织印染厂。机印花布在色彩的表现和构图的形式上与传统花布相比发生了较大的变化。但有很多纺织品图案用机器无法印制,特别是独幅图案的家用纺织品,如门帘、被单、桌布、毛巾等,还需靠手工采用镂空型版的印花工艺印制。

由于同时采用多种生产方式,这个时期的家用纺织品图案及色彩尤为丰富。像滚筒印花的拼接大花被面(图8-18),其色彩极为艳丽、对比强烈,常采用大红为地,并布以散点式,立体感很强的写实团簇花卉。图案大多以大型花卉(如牡丹花、月季花、大丽花、菊花)为主,其他各种小花为辅,并穿插人们喜闻乐见的动物、神兽(如龙、凤、麒麟、仙鹤、孔雀、金鱼、蝴蝶)或者采用表达喜庆与期望的用品或神器(如花篮、洞箫、花瓶、玉器、折扇等)。

这个时期的床单、毛巾类产品则大多采用镂空型版印制(图8-19、图8-20),图案的套色明显多于前一个时期,色彩对比强烈,题材也多以大型花卉(如牡丹、月季、大丽等)为主,也经常会配合运用一些吉祥动物和器物。为了让床单图案显得更丰富,并控制在每一个单件产

111

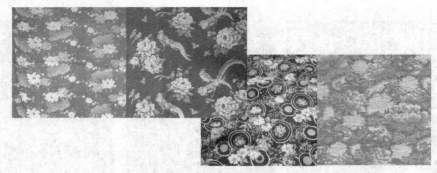

图8-18 滚筒印花的大花被面

图8-19 镂空版的床单图案大多依靠彩格、彩条丰富其整体效果

品上,以减轻工人的劳动强度,会先将床单织成格、条图案的坯布后再进行印花,这样床单的整体图案就显得比较充实和丰满。

这个阶段的床单图案种类繁多,而且蕴含着美好吉祥的寓意,也是床单纹样史上尤为注重图案含义的阶段。图案有由大型花卉与小花小草组成的花簇,有龙、凤与牡丹百花的搭配,有月季花束加满地隐花的组合,有花环围绕的山水风景,有屏风排列的四季花卉,有回纹贯串的双狮嬉戏……毛巾图案同样也是变化多端,例如国画风格图案、几何图案、动物图案、卡通图案等,琳琅满目,不胜枚举。

(三)现代家纺印花图案

自从20世纪60年代上海床单业研制出第一台网动式平网印花机,到1987年武汉床单业从瑞士引进第一台特宽幅平网印花机的使用,中式床单、毛巾类产品图案的更新发生了一个质的飞跃,印花生产质量也得到很大的改善。这个阶段的图案由于筛网版的优越功能,图案更加细腻,表现手法更加丰富(图8-21)。原来在床单、毛巾类图案设计中

图8-20 镂空版的毛巾图案

无法使用的细线、相互交错的长线条、密集的小点、较大而连接的块面,现在都能自由地运用,图案的种类也因工艺的提高变得更加丰富多彩。例如原来镂空型版印制的床单图案多是纯粹的四个角花加上一个中心花,有时会在两个角花之间加上几朵小花或纹样,毛巾类图案也是在坯布的两头分别刷印上相同倒置的纹样。而筛网印花的图案却能大量采用隐花来凸显图案的独特风格,表达图案的丰富层次,同是传统构图形式的床单、毛巾,却在稳定、端庄的形式中,融入了活泼的气息与时代的韵律。大量隐花的出现,是筛网印花与镂空版印花在图案

图8-21　筛网版的应用使家用纺织品图案题材更丰富

形式上的最大区别。

　　20世纪80年代初家纺业掀起的产品创新热潮,将家纺图案的形式、技法与色彩的表现推向了一个新的高峰。这时出现的横条花、竖条花、斜条花、散花形式的中式床单花样,给设计人员的创作提供了更加广阔的空间。尤其是1984年出现的整幅构图床单图案,彻底打破了传统构图的束缚,以一个独立纹样的形式引发了中式床单图案的变革,家纺设计人员可在创作思维的空间里自由驰骋。这种构图形式的床单图案的形成,也极大地影响了企业工艺技术水平、设备能力的提升,这反过来又极大地促进了图案设计水平的发展。

　　这个阶段的床单、毛巾类图案中各种花卉的题材还是占主导地位,同时也出现了写实、变形与抽象风景图案,仿剪纸图案、仿古代名画图案,卡通图案、动物图案及人物图案,毛巾类产品还成功使用了大刮底工艺,使产品的创作设计更加自由。这个阶段在图案的题材、风格、形式、手段上限制已很小。图8-22~图8-26显示了一系列床单及毛巾类产品图案的新形式。

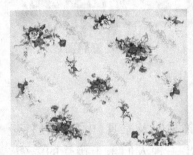

图8-22　首次打破传统格式的中式　图8-23　新的构成形式带给设计　图8-24　首创的中式整幅构图床单
　　　　床单图案让人倍感清新　　　　　人员的是一种启发　　　　　图案带动了行业的创新

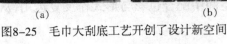

　　　　　　(a)　　　　　　　　　　　(b)
　图8-25　毛巾大刮底工艺开创了设计新空间　　　图8-26　图案丰富的毛巾类产品

自20世纪80年代我国引进第一台圆网印花机，家用纺织品的生产和销售更是达到一个新的高峰，同样是连匹生产，由于圆网的网长明显大于滚筒的长度，生产的宽幅印花布极适合于家用纺织品，如图8-27所示。圆网设备的生产连续性与特别的幅宽使设计人员有了更大的创作空间。这个阶段的图案仍以花卉为主，而大量出现的规则和扭曲变形的几何图案（图8-28）、典雅端庄的仿古典图案（图8-29）、自由飘洒的抽象图案、简约大方的条格图案（图8-30）等，诠释了这个阶段图案创新的速度与高度。

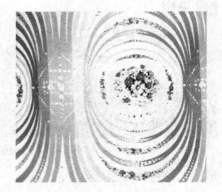

图8-27 平网连匹印花床单

图8-28 几何图案

图8-29 仿古典图案

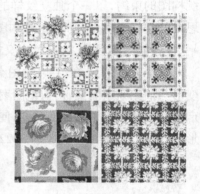

图8-30 条格图案

二、家纺室内设计及印花图案创意

当室内环境被木材、砖石、水泥、玻璃、金属等建筑装饰材料及家具、电器等硬件设施占据着空间时，就需要一种软装饰环境与之配套，营造出一种人们乐于接受的温馨、舒适、安定的生活、工作氛围，那么室内家纺配套产品便可起到软装饰的作用。室内家纺配套产品不但要具有明确的功能性，还应在不同的场合凸显它带给人们视觉感受的舒适程度。而在不同的室内环境中，家纺配套产品的面料、款式、色彩、图案、功能与风格都不尽相同，而这些因素与构成的特定空间是否协调，取决于家纺配套产品各因素的合理搭配与构建。

（一）家纺室内设计的几个因素

1. 图案的造型 图案在家用纺织品装饰中，通常以一种特定的象征意义来表达整体的装饰风格。因此，在设计室内配套产品时，应根据需要先确定图案的基本形，并对基本形给予或简或繁的处理，使之搭配成多种组合，在空间中配合色彩与形式作反复运用，从而形成协调统一的装饰风格。

2. 图案的构成　家用纺织品的图案构成是根据室内不同产品的功能需求而设定的。在确定了图案基本形后,根据不同的装饰要求进行不同的排列,如聚散、纵横、虚实、大小、增减、强弱等变化,以构成空间层次与秩序,还可通过各种不同渐变的排列形成韵律。

3. 色调的控制　主体色调是家用纺织品装饰必须重点考虑的问题。或冷或暖,或艳或灰,或明或暗,都因主调的确定而形成总体色彩倾向。其间每一个局部环境的同种色、类似色、对比色、极色分组的层次变化,形成强弱、轻重、起伏、虚实的空间韵律并与整体色彩呼应,从而达成空间混合的协调统一。

4. 图案与载体　图案在与家用纺织品结合时,必须考虑与不同的质地及功能相适应,如柔软的窗帘和床上用品的图案趋向柔美、流畅的装饰风格,而平挺光洁的墙布图案较适宜规则有序的装饰效果。

5. 材质的对比　不同材质、不同肌理的家用纺织品在配套组合中形成质的对比,加强了触觉美感与视觉美感。如粗犷厚重的沙发面料与光洁柔滑的丝绸靠垫的对比,厚实蓬松的印花毛毯与柔和光挺的丝光床罩的对比,都能通过统一的调控形成丰富而舒适的美感。

(二)家用纺织品印花图案创意

1. 家庭用纺织品

(1)客厅用。客厅是人员相对集中的开放性区域,也是家庭成员共同交流的场所,还是接待客人的聚集地,同时也是一个家庭的门面和主人对外的展示空间,因此客厅的装饰一般会格外受到重视。

如果是一个中式风格的客厅,可采用传统风格蓝印花布的家纺系列配套进行装饰,更进一步强化客厅的民族风格,满足对历史文化的崇拜心理;也可采用浸染工艺制作的多彩系列的家用纺织品,犹如在平实的色调中跳跃出一抹艳丽的彩虹,将历史与时尚置于同一个空间,这些表现都有益于体现和提升居室的文化品位与风格特征。如果是一个现代装饰风格的客厅,可采用现代时尚、简约的印花家用纺织品,让简约图案的活力轻松绽放,也可配上一组仿造北美粗犷造型图案的印花家用纺织品,现代与传统并列,时尚与厚重牵手。

(2)卧室用。卧室是一个相对私密的空间,应该符合主人的个性与爱好。床上用品和窗帘最能体现家纺风格。主人年龄、阅历、性别、职业、爱好的不同,对卧室用纺织品的需求会有所不同。

老年人一般喜好深地散花图案或浅地小花图案,深沉、安静、耐脏,明朗、素雅、干净是这类家用纺织品的特点。如在深蓝或绛红的地色上点缀自由排列的抽象花卉,或配置自由形态的彩格,或在浅地上撒满深色小花,这种形式的图案端庄、高贵而不失活泼。青春男孩爱好热情奔放的抽象图案,无拘无束、散发活力是这种图案的性质。如一组放射式的、扭曲而变化的彩条的连续组合图案,色彩亮丽火爆,极能反映这个年龄段的心态与情绪。温柔女孩钟情粉色浪漫的氛围,温馨、柔媚如在一片粉红的地色中,撒满自由飘洒的红、紫、蓝、白色的花朵,侧映出主人富于遐想与梦幻的特征。儿童房间则适合色彩艳丽且对比较强的卡通、公仔形象的自由铺排,以符合儿童天真幼稚、无拘无束的特性。艺术家偏好带有文化气息与历史痕迹的纹样,深厚、大气都能在这类纺织品图案中得到体现,如果在房间里配以中国狂草书法图案的面料制作的家用纺织品,更增添了艺术的氛围与书香味。

居室的纺织品图案,特别是床上用品图案,时常会由一个基本形采用不同的组合形式,组成不同的搭配,更突出了家用纺织品的风格魅力。

(3)卫生间用。为了让卫生间这个相对狭小的空间显得敞亮、洁净,其间的纺织品通常考虑采用浅色地加中、小图案为宜。如粉蓝、粉红、粉绿或粉紫的窗帘、浴帘,印上飘洒的抽象图案或简约的几何图案、平涂勾线的花卉图案,都不失为上好的选择。再在毛巾架上整齐地叠放几条色彩鲜艳、对比强烈的毛巾、浴巾,极似一组跳动的音符在优美的旋律中颤动。

2. 宾馆用纺织品

(1)厅堂用。大厅是宾馆最大的空间区域,是人员流动性最大的场所,是宾馆的第二门面。为了体现宾馆的级别与品位,一般会将大厅按级别布置得尽量高档与豪华,纺织装饰品的档次也随之配套。

如果大厅的建筑装饰与家具的风格是欧洲古典式的,那么可以实行这样的创意:枣红色的金丝绒印花帷幔从高高的大厅顶部直垂下来,与落地欧式窗配套并烘托出大厅的雍容华贵及温馨典雅,帷幔及波浪形起伏的帘楣镶嵌的金色花边显露其档次,沿花边缝制的流苏显示出其精细;与之呼应的红色印花地毯延伸到大厅地面的每一个角落;金黄色高档印花面料包覆的洛可可式的沙发与靠椅,在呼应中强化了这种氛围并突出亮点,各种造型别致、色彩亮丽的坐垫、靠垫更点缀出活泼的气氛;洛可可纹样和蔷薇茎蔓纹样以不同的构成排列在每一件纺织品上,将整体风格统一在欧洲宫廷古典装饰中并充溢着迷人的东方情调。

(2)客房用。客房是客人临时居住的地方,但要让客人体会到家的温暖,就必须给客房营造出一种家的氛围。针对各种不同档次的客房,其家用纺织品的设计要区别对待。

如果与欧式大厅风格相配套的客房,那么从图案到色彩,从面料到款式,从配件到工艺都应符合其风格;如果是现代风格的客房,简洁、平直的室内设计配置图案简洁、色彩素雅的家用纺织品,最能体现家的温馨与洁净。标本图案的床罩和大规格的靠枕,与之配套的布艺沙发,以标本图案为元素的、下部密集向上渐松散的窗帘纹样,散点小花的墙布,暖灰色的地毯,都显得静谧而不张扬,而色彩鲜艳的椅垫活跃了恬静的室内空间,像是在欢迎客人的到来。在桌几上放置一两枝鲜花,更让客人感受到宾至如归的亲切。

3. 汽车内饰用纺织品图案　轿车的空间虽然狭小,但冰冷金属外壳包容的却是纺织品组成的温暖空间。车内壁贴附的专用纺织面料起着吸噪、缓冲和柔和视觉的作用;两侧及后视窗的窗帘遮挡外来目光和紫外强光;坐椅靠垫套要易于换洗并起到装饰作用。

这些汽车内饰用纺织品色彩柔和偏暖,印花图案采用细小的几何纹或卷草纹,色彩略重于面料地色的同类色或类似色,这种风格的装饰使人心情愉快而不易疲劳;防滑作用的方向盘套色彩稍稍偏重,也可采用自由形态的印花图案面料;纸巾盒套采用同一色系的亮色;靠垫和坐垫使用艳丽的单色面料制作,在温馨和静谧中激起一阵愉悦的浪花。窗上再挂上几个吸盘式的布艺小玩偶,更增添了空间的浪漫气氛。

4. 其他空间纺织品图案　还有一些特殊的场所,如演出大厅、音乐厅、舞厅、阅览室、会议室、实验室、医院病房、幼儿园等,都需要根据其特殊的功能与用途,采用不同材料的纺织品和不同的图案进行装饰,才能真正符合其作用而达到最佳实用与装饰效果。

三、家纺印花图案创意文案策划实例

(一)行业状况及市场调查

(1)产品和设计普遍存在同质化现象,让企业长时间没有较突出的表现,而"大家纹"、"大家居"设计概念还仅仅停留在理论探讨的阶段。星罗棋布的家纺专卖店、旗舰店遍布中国城市的各个角落,而特别吸引如20~35岁这样一个巨大消费群的整体设计产品却不多见。

(2)高额的房价,使得大多数年轻人只能把眼光投向软装饰产品。而市场上现有装饰产品的温馨感、优雅感和时尚感还远远不够打动急迫想要改变家居环境的他们。

(二)前景

(1)通过对行业市场的调查,看到了极大的开发前景和机会,也为设计师提供了极大的操作空间。利用软装饰改造目前家居环境,投入相对少,而效果显著,这是迎合消费需求的一个捷径。

(2)以20~35岁的白领阶层为消费目标来设计产品,无疑会大大提升产品档次,为产品附加值的提升构筑了台阶。

(3)高档次产品的市场占有率的提高,必将激发设计人员更大的创作欲望和信心,对今后的创作开发形成一个良性循环。

(三)措施

(1)加强自身的艺术修养和业务能力,用最新的理念进行创作思维活动。

(2)进一步调查企业生产能力,了解企业工艺现状,根据企业具体情况设计崭新的图案,以便新的产品促使工艺水平的发展和设备潜力的挖掘。

(3)进一步细致地了解市场,将设计小稿拿到商场征求销售人员的意见,并在商场专门柜台展示,征求顾客意见,以求得最直接的信息。

(四)创意文案

在五月的郊外,漫山遍野的烂漫山花被微风轻抚,形成雨瀑纷纷落下,枝上、叶上、草地上布满或白色或粉色或紫色或黄色的花瓣;色彩浓艳的蔷薇花缀满枝头,在微风的摇曳中婆娑起舞。让人陶醉的诗画般美景触发了心灵的振荡和创作欲望。

(五)构思

(1)图案在构思过程中受中国画构图的启发,采用整幅构图的新颖格局和几组花枝自由穿插的形式,欲突破中国传统构图格式和家用纺织品生产中一成不变的描稿与制版模式。

（2）在草图的创意过程中，受自然景色的感染，对色彩采用近乎原色又协调统一的处理方法，在表现手法上采用装饰性与写实性结合一体的新思路，试图传达给人们最大限度的新鲜感。

（3）采用铺天盖地的小花覆盖整个画面，让画面效果更趋柔和与协调，同时点题。

（4）这种构思的图案效果，在整体室内配套中易使人产生投入大自然怀抱的亲切感受。

（5）具体操作如下。

①图稿名称：花雨。

②图稿性质：系列配套。

③构成形式：整幅独立加二方连续形式。

④配套件数：10件。

⑤图稿规格：床单200cm×240cm，床罩200cm×

240cm，枕套50cm×70cm，大靠枕90cm×90cm，抱枕50cm×50cm，窗帘150cm×300cm。

⑥单位：厘米（cm）。

⑦印花方式：平网印花。

⑧绘制方式：手绘加计算机处理（Photoshop）。

⑨图稿草图小样（图8-31~图8-34）。

图8-31　被套

图8-32　窗帘　　　　　　　　图8-33　枕套　　　　　　　　图8-34　大靠枕

（六）目的

（1）开拓新市场，尝试开发最新格局的市场接受程度。

（2）提高工艺水平，尝试通过新图案衍生出新工艺、新技术的可能性。

（3）增加企业效益，尝试创新产品对企业效益的促进。

（4）拓宽设计人员的创作思路，打开创作思维的畅想空间。

（七）格式

详情请参见第九章图9-18。

第三节　家用纺织品印花图案的手绘步骤与方法

一、单项分类设计图规格及纸张处理

(一)手绘图的纸张规格

印花类家用纺织品种类繁多,其规格更是复杂多变,以下是几种常用类型设计图的规格,这几种规格也不是一成不变的,会随着市场需求的变化而改变。

1. 中式床单的设计图　中式床单正稿有几种规格,通常分为:大床220cm×240cm,中床200cm×220cm,单人床170cm×140cm。整幅规格的纸张以230cm×250cm或200cm×220cm为宜,单人床以180cm×150cm为宜。

中式床单是在特宽幅平网印花机上生产的,其花位规格都按平版筛网的尺寸和布的幅宽来确定。由于这个规格较大,为了减少大样返工的麻烦,在绘制前要作一个1/4比例的小样设计稿,待小样审查确定后再放制大样。

床单小样的规格分别是:65cm×60cm,56cm×50cm,50cm×40cm等。

2. 床罩的设计图　独立纹样的床罩,其花位规格与中式床单相似,因其规格比较大,也需要先绘制小样。

3. 床盖、被套的设计图　独立纹样的床盖、被套设计图纸张规格可按200cm×260cm、200cm×230cm、200cm×180cm、200cm×160cm设定。

4. 窗帘的设计图　窗帘的规格比较多,一般落地窗帘的长度都按顶棚到地面的高度计算,家庭常用窗帘的宽度按260cm×260cm×2来设定,独立纹样窗帘设计图规格每幅按200cm×260cm设定。

独立纹样的窗帘图案也可先设计好1/4小样后再放大样。

5. 枕、靠枕、靠垫、坐垫的设计图　枕、靠枕、靠垫、坐垫的规格如下。

(1)枕头:70cm×50cm、74cm×48cm。

(2)大靠枕:90cm×90cm、75cm×75cm。

(3)靠枕:60cm×60cm、55cm×55cm、50cm×50cm。

(4)腰枕:30cm×45cm。

(5)抱枕:45cm×直径20cm。

(6)车用靠垫:45cm×45cm、40cm×40cm。

(7)坐垫:50cm×50cm、45cm×45cm、42cm×42cm。

6. 连续纹样设计图　连续纹样因其连续的特点,给设计者带来了设计上的便利和构图形式上的变化。连续纹样可以在圆网印花机上生产,同时也可以在平网印花机上生产。

(1)在平网印花机上生产。如果在平网印花机上生产连续纹样,需依据坯布的幅宽和筛网版的长、宽来设定设计稿的规格。如网版长260cm、宽200cm,坯布幅宽210cm,那么设计稿就按其版长的1/n稍大、版宽的1/n稍小来设定,如可取1/3的版长为75cm、取1/3的

版宽为55cm。图形越大,设计稿的规格就越大;图形小,设计稿的规格相应就小。如图8-35所示为平网印制的连匹类中式床单。

(2)在圆网印花机上生产。圆网印花机的设计稿主要在确定了圆网的周长后就可以设置其规格了。例如通常采用的圆周为64cm的圆网,稿纸就采用64cm×ncm的规格,设计比较小的图形还可以将圆周分成几等份的小规格进行设计。

(二)纸张的装裱与涂色

手绘图案一般采用绘图纸或白卡纸,但如果要运用肌理手段创造特殊的纹理

图8-35　平网印制的连匹类中式床单

效果,可采用诸如水彩纸、水粉纸、玻璃卡纸及纹理起伏较大的纸张;借助纸张颜色作为图案或地色的,可采用有色水彩纸、色卡纸和牛皮纸等。

手绘图案的纸张一般空裱在绘图板上,这样在涂刷地色或手绘的过程中不会因纸张被水分润湿起皱而影响绘制效果。图板的大小以略大于设计图的规格为宜,以方便装裱和绘制。

1. 纸张的装裱（图8-36）　首先选择与设计图规格相适应的图板,将纸张裁剪成略小于图板的大小,按居中位置放好,用干净毛巾湿润整片纸张,并将毛巾拧干平铺在纸张上免其速干;裁剪约3cm宽的牛皮纸条并涂上糨糊,将纸边均匀地粘贴在图板边上;待牛皮纸基本干透后,拿掉毛巾,让纸自然干透。干透的纸张绷得很平整,以能敲出"嘭嘭"的鼓声为宜。

2. 涂地色（图8-37）　在容器中调制足够量的颜料,尽量调制均匀,在与装裱纸张相同的纸边条上试色,待干燥后,以确定调制颜料的准确度。先将调制好的颜料用底纹笔在纸上

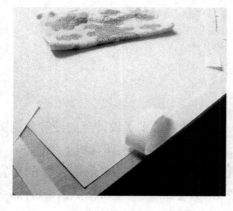

图8-36　纸张的装裱

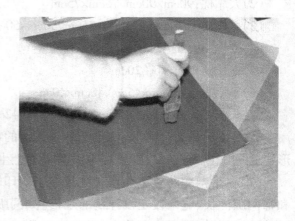

图8-37　涂地色

从左到右粗略地涂刷一遍,然后再上下同样粗略地涂刷一遍。接着将底纹笔蘸清水顺上下、左右以适量的力度均匀洗刷几遍,直至涂刷均匀为止。

二、独立纹样设计稿的步骤

独立纹样的设计稿种类很多,凡是在纺织品设计中,图案以独立的形式出现,不与其他的纹样产生连接关系的都是独立纹样设计稿。如整幅构图的床单、床罩纹样,窗帘纹样,还有靠垫纹样、坐垫纹样、浴巾纹样、毛巾纹样、手帕纹样等。

独立纹样因其特殊、自由的形式,提供给设计者无限的创作空间。无论是写实图案还是装饰图案,也无论是抽象手法还是具象手法,无论是人物、动物与景物,还是微观、宏观和幻境,都是独立纹样可以采纳和表现的对象。

如果是大面积地色图案的设计稿,那么就在涂好地色的纸张上或有色纸张上进行;如果是地色面积小的设计稿,可直接绘制在白色纸张上。构思好的家纺图案,其绘制步骤如下。

(1)准备各边略大于规格的拷贝纸,在拷贝纸上绘制草图。

(2)确定的草图拷贝在正稿纸上。

(3)根据构思用专用调色盒调配需要的颜色,每一种颜色注意足量。

(4)按照形的先主后次、色的先浅后深、面积先大后小的顺序进行涂色,原则上涂完一种色后再涂另一种色。

(5)绘制完一部分色后,整体观察其效果并调整,再接着进行下一步的绘制。

(6)设计稿基本完成后,观察整体效果并调整。

三、连续纹样的设计稿步骤

连续纹样的设计稿纸可装裱后绘制,也可不装裱,不装裱时使用稍厚实的纸张绘制。

(一)纸张装裱后的绘制方法步骤

(1)准备各边均大于纸张15cm的拷贝纸,在拷贝纸上绘制草图,先绘制中间部分。

(2)如是平接图案即将拷贝纸对角开裁,如是1/2跳接图案则在拷贝纸径向1/2处开裁。

(3)将裁下的一半在不改变方向的情况下围绕另一半的各边对接,并将没绘制的部分完成。接版后的画稿,检查形的排列是否有"路"的出现,若有则及时修改。

(4)将拷贝纸背面用铅笔满涂,再用软纸擦拭均匀,背面对着装裱好的纸张放齐。

(5)用笔头较尖的硬铅笔将草图刻画在正稿纸上,并将拷贝纸各边与正稿各边相对接检查。

(6)按照形的先主后次、色在画面中的先浅后深、面积先大后小的顺序进行涂色,原则上涂完一种色后再涂另一种色。相同色块尽量错开位置,随时注意避免色"路"、空"路"的产生。

(7)绘制完一部分色后,整体观察其效果并调整,再接着进行下一步的绘制。

(8)设计稿基本完成后,再次将拷贝纸各边与正稿各边相对接检查,同时观察整体效果并调整。

（二）纸张不装裱的绘制方法步骤（图8-38）

（1）根据不同设备和面料幅宽的要求，准备相应规格的绘图纸（白卡纸、水粉纸等），可先在拷贝纸上绘制草图或在绘图纸上直接绘制草图。先绘制中间部分。

（2）如是平接图案即对角开裁，如是1/2跳接图案则在稿纸径向1/2处开裁。

（3）将裁下的一半在不改变方向的情况下与另一半的各边对接，并将没绘制的部分完成。接版后的画稿检查形的排列是否有"路"的出现，若有则及时修改。

（4）按形的先主后次、色的先浅后深、面积先大后小的顺序进行涂色，原则上涂完一种色后再涂另一种色。随时注意避免色"路"、空"路"的产生。

（5）绘制完一部分色后，整体观察其效果并调整，再接着进行下一步的绘制。

（6）设计稿基本完成后，按第三步骤，再次将图案正稿各边相对接，检查每一处形和色是否确实对接，否则进行修正，观察整体效果并进行最后调整。

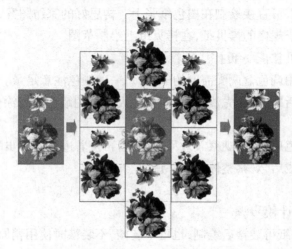

图8-38　纸张不装裱的连续纹样设计稿的步骤

四、印花图案的特殊表现技法

前面讲到在家用纺织品图案的表现技法中点、线、面的运用，但印花图案有其自身的特点，其设计技法的表现更特殊、更丰富、更有趣、更具个性，这些特殊的表现技法在印花图案的设计中应用极其广泛。纺织品图案发展至今，这些表现技法已经步入一个重要的领域，肌理形态就是这些特殊技法的表现。

（一）肌理

肌理指物体表面具有的反映物质内应力的纹理和质感。在客观世界，存在着千变万化的肌理，有自然形态的、人为装饰的、刻意模仿的、偶然产生的、立体的、平面的。人们在与物质世界的交往活动中，积累了对丰富肌理所引发的视觉感官的体验，这种体验恰恰是人们对肌理产生丰富心理反应的基础，也必然引发人们对以往其他感官综合体验的联想，而产生多种美的感受。因而，肌理形态构成的纹理被广泛运用于纺织品的设计中，并产生了特别的节奏与美感，同时肌理形态对设计产生的启示与对构思激发的灵感已引起人们足够的重视。

(二)肌理效果的表现

纺织品中的肌理形态,是在一定的工艺条件下,通过复制的手段模仿自然肌理形态而形成的肌理效果。肌理效果作为一种特殊的技法,其表现方法如下。

1. 手绘法　采用平时常用的绘画工具进行描绘,手法运用自由洒脱。其钝畅、刚柔、粗细、疏密等任由表现,这是家纺图案设计最基本的技法。

2. 喷绘法　将颜料稀释到适当的浓度,通过工具在纸面喷洒,获得自然的效果,同时通过对不同因素的调配而产生截然不同的画面,或过渡均匀、细腻、柔和,或潇洒、粗犷、奔放,给人一种特别的视觉美感。

3. 水渍法　将较细腻的颜料如水彩、活性染料涂画在纸张上,因其量较大导致部分干燥、部分湿润而产生水渍肌理。或涂色于纸面,干燥后不均匀地泼洒清水,在纸面造成斑痕、水渍、渗化及渲染的效果。

4. 浸染法　将吸附力较强的纸张揉皱置于有色水中,因其浸染不匀而产生奇特的视觉效果。

5. 吸附法　选择吸附力较强的纸张平置于添加了颜料的水中,因颜料轻于水而浮于水面,缓慢搅动后经吸附而获得自然、奇妙、飘逸的画面肌理。

6. 防染法　用油质、胶质、粉质或其他能阻止颜料与纸张结合的物质涂绘于纸面,再满刷水性颜料,因这类物质的阻水作用而产生很好的防染效果;或满刷不溶于水的颜料,待干燥后冲洗掉附着在这类物质上的颜料,就形成了防染的特殊效果。

7. 拓印法　通过表面存在肌理形态的物体(如麻、草、布、树皮、叶、石、乒乓球拍胶皮等),蘸色或刷色后捺印在纸张上形成质朴、稚拙、自然、生动的肌理美感。

8. 滚印法　其原理与拓印法相似。将能产生肌理效果的物体制作成滚筒状,涂色于滚筒并以不同角度滚印在纸上,多层色彩叠加混合形成丰富、厚实的视觉美感。如在滚印过程中掌握其轻重缓急的变化,或在纸面铺设细纸条、线条、剪纸等物,更能产生强烈的层次和优美的韵律。

9. 熏炙法　点着蜡烛、煤油灯这类易于出烟的照明物体并熏炙纸张,产生出自然、飘逸、细腻的肌理效果,如在纸张上先遮盖一些小图形再熏炙,出现的图案更具特色。

10. 刻画法　在涂有颜料的光面卡纸上,用尖利的物体或锋利的小刀具进行细致刻画,形成犹如铜板雕刻效果的肌理,也可采用大笔泼洒的风格形成写意韵味的肌理效果。用力力度不同还可造成斑驳镂离的特殊肌理效果。

11. 拼贴法　将各种色彩或黑白的图片分解并重构,此法达成的奇妙肌理效果给予人们极大的启示。

12. 折皱法　折皱纸张成球状,在涂有颜色的平面上滚动,展开后干燥再揉皱滚色,如此反复,产生的斑驳、随意、极富节奏的肌理妙不可言。

13. 彩浆法　粗略地混合糨糊与颜料,将混合物涂刷在纸张上,浑厚的笔触和厚薄、深浅不匀的特殊效果有益于激发设计者的灵感。

14. 滴溅法 平置纸张于桌面，使笔饱含颜料让其自然滴下，在纸上溅开形成极为有趣的滴溅肌理，多色的滴溅更富趣味。

15. 粘贴法 在一张纸约一半的面积上涂满各种颜色，将纸对折粘贴并稍紧压，从一边往另一边揭开时即形成不可预见的丰富、奇妙、柔和且对称的肌理效果。这种特别的效果能引发无限的构思与联想。

16. 流淌法 在倾斜的纸张上滴上一种或几种颜料，任由颜料自由地往下流淌；或者将纸张平行地前后左右甩动；或者将纸张置于转盘上旋转，都能产生极为动人的特别肌理。

17. 复印法 对各种图片组合后再进行反复的复印，在图形的模糊消失中产生意外的神秘效果。这种特殊的肌理同样能激发丰富的想象。

18. 计算机提供肌理的手段 计算机的应用，将设计带到了前所未有的新境界。设计领域通过计算机的辅助，实现了更新颖、更快捷、更理想的发展，同时也展示了图案更迷人的魅力。

目前，计算机已经成为家用纺织品图案设计的重要工具，不仅为织物设计提供了大量的纹理图形，还提供了更多创造各种肌理形态的软件。

在现代家用纺织品中，越来越多的肌理形态被应用到印花图案中，极大地提高了家用纺织品的品位与风格。以上介绍的肌理制作的方式只是众多肌理技法中的一部分，还有更多的肌理技法有待设计者们去发现、去开发、去创造、去发展。如图8-39所示为各种肌理形态的表现。

(a)　　　　　　　　　(b)

(c)　　　　　　　　(d)　　　　　　　　(e)

图8-39　各种肌理形态的表现

五、印花图案的设计文案与说明

(一)项目

(1)图稿名称:花雨。

(2)图稿性质:系列配套。

(3)构成形式:独立纹样加二方连续形式。

(4)套色数:10。

(5)套件数:14。

(6)图稿规格:床单220cm×260cm,被套200cm×240cm,枕套50cm×70cm,大靠枕90cm×90cm,抱枕50cm×50cm,窗帘260cm×300cm。

(7)单位:厘米(cm)。

(8)印花方式:平网印花。

(9)绘制方式:手绘加计算机处理(Photoshop)。

(二)图稿小样或照片

图稿小样或照片见彩图69。

(三)图稿分色

图稿分色详见彩图70。

(四)创意文案

漫山遍野的烂漫山花被微风轻轻拂起又雨瀑似的落下,诗画般的景色触发了创作灵感,在图案的构思过程中,又激发了打破原有构图模式、色彩处理方法和表现手法的想法。采用几组形容婆娑的牡丹和纷纷扬扬的五色小花组成构图的全部,整体构图的形式让画面更具新颖感与开阔感,白色的织物与近乎原色的印花色组合给人以新鲜、明朗的视觉感受,块面与线条的构成既形成新的表现手法,其与小花形成的点也形成了整体画面的韵律与节奏。将自然景色的艺术再现并融于居室,呈现一派生机盎然的活跃与温馨。

(五)生产中要说明的问题

(1)设计中采用了双色和三色叠色工艺,要求在生产工艺执行中严格把握各色的度量。

(2)设计中采用了半防处理工艺,要求通过合理的生产工艺与操作技巧达到预期的效果。

(3)双色、三色叠色工艺与半防处理工艺在分色描稿中应注意对各相互色采取特殊的处理方法。

(4)图稿中的色彩过渡效果要求细腻均匀,请制版中考虑相符的网目数,建议此版采用180目以上丝网。

(5)此设计采用了整幅构图的形式,在制版中注意根据构图的特点制订制版方案。

六、系列配色小样及文案

图稿名称:花雨。

原稿套色数:10。

(一)棕调配色(彩图71、彩图72)

1.文案 根据市场调查,棕色调家用纺织品符合中老年人当前需求,因此配置此色以补充产品花色。此色调素雅、宁静,色相的弱对比给人以更加温柔的感觉。

2.生产中要说明的问题

(1)三叠色效果在弱对比色的叠加中效果可能不明显,这就需要将其色度适当拉开。

(2)点缀色采用比较亮的果绿色。

(二)蓝调配色(彩图73、彩图74)

1.文案 根据市场调查,偏紫的蓝调家用纺织品较少,特配置此色以补充花色。此色调在白地色的基础上配置了纯度较低的弱对比色,其在色环中呈90°角,在花蕊位置使用了一个较纯的紫红色。

2.生产中要说明的问题

(1)三叠色效果在叠色印制中效果如果不明显,请工艺员将其色度适当拉开。

(2)点缀色采用比较亮的紫红色。

七、印花图案的分色描稿

图案设计稿在现代印染生产工艺中基本采用计算机分色描稿,但在很多情况下,仍有可能采用手工描稿的方法进行,对于不了解工艺原理的初涉者,更有必要了解手工分色描稿的工艺过程与方法。

(一)连续纹样的检验与修正

设计稿完成后就开始描稿了。在描稿前,需要对设计稿进行充分、细致的检验与修正,特别是连续纹样的设计稿,这个工作更是显得尤为重要。

1.检查边角的平直度与规格 图稿的各对边是否平行,每个角是否呈直角,直接关系到将来制出的印花网版是否能用。用直线钢尺检测每边的平直度和平行度,用直角尺检测每个角是否为直角,并检查图稿的尺寸是否符合圆网的规格,尤其是图稿径向尺寸更要严格地与圆网的周长相符(图8-40)。

2.检查颜色 图稿的颜色色度区别如果不太明显,那么在描稿的片基叠加多层后,有时难以确定压在下面的图稿颜色的色相,因此在描稿之前尽量熟悉图稿。同时检查图稿的套色数是否符合设备设置的印版数量,如果超过设备的承受量则不能投入生产。

3.了解设计图中的特殊要求 通常在手绘图稿的设计中,会应用一些特殊的技法和要求一些特别的工艺,而这些技法仅用普通方式和工具描绘是难以达到设计目的的,而且特别的工艺在画面上也不容易表达和体现,这样只有通过设计

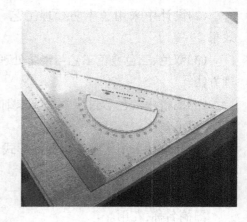

图8-40 检查边角的平直度与规格

者的书面或口头描述,才能让描稿者得到充分地理解。因此,描稿前要与设计双方充分沟通和密切配合,以期通过描稿的特殊处理圆满实现设计意图。

4. 定位线　在图稿的规格、边线、角度都校正后,以边线为基准找出经、纬向各边的中点,连接对应边的中点画线,形成相互垂直的十字交叉线,这就是定位线。定位线是制版时最主要的定位依据(图8-41)。

5. 接版路线的划分　在滚筒、平网和圆网的制版过程中,单元与单元的衔接是这个过程中的关键,这就要求在描稿中严格地划定衔接的路线,以保证单元与单元之间合理的衔接。在图稿中,图形在四个边的部分一般被切断,形成多个半边的形象,绝对不可直接这样描稿并制版。正确的方法是,在相邻的两个边旁找出离边线最近的完整形象,依其轮廓画线,将它们归纳在接版线内。剪下被排除在线外的不完整形象,将其分别拼接在相对应的另两边上,使这两个边线旁的形象也呈完整状态。这时,图稿的四个边线均呈曲线状排列,这样在制出的印花版中,就基本避免了明显的方格形接版痕迹,如图8-42所示。处理好接版问题的图稿粘贴在大于图稿的白纸上,以防移位。

图8-41　制版时的定位线　　　　　　　　图8-42　划分接版路线

(二)分色描稿

在一色到多色的图稿中,采用一张片基描绘一种颜色的方式,称为分色描稿;描好稿的片基称黑白稿;描稿用的遮光剂为氧化铁制剂或再制过的浓缩绘图墨水。

1. 裁切片基　固定图稿于桌上,根据图稿的套色数裁切片基。如是连续纹样,即裁切各边大于图稿各边20cm以上的透明片基若干张,注意片基的正反面,光滑的一面为反。将一张片基反面紧贴图稿使其居中并用透明胶带固定,让图稿四周均多出20cm以上的片基,如图8-43所示。

独立纹样的片基则稍大于花位即可,固定前在图稿相对应的两角适当位置各画十字交叉的定位点一个。

2. 刻画定位线　依照图稿上的定位线标准,用刻笔和直尺在固定好的片基上刻画定位线,或采用印刷用标准定位贴来设定,如图8-44所示。

图8-43　连续纹样片基裁切与固定　　　　　图8-44　在片基上设定标准定位贴

3. 描绘颜色　描稿按图稿中颜色的先深后浅、面积的先小后大的顺序进行。用遮光剂先描绘图稿中颜色最深而且面积最小的色作为第一版,描完并干燥后盖上第二张片基,依照程序设定定位线,再进行第二种颜色的描绘。以此类推分别描绘出图稿所有的颜色,注意不同版的同类色或近似色要有1~2mm左右的压色处理,对比色之间尽量不压色,一般做到色边与色边相互对接即可。每描完一张黑白稿,就在固定的位置标上色别和编号。

4. 按序划分接版路线　根据事先在图稿上划定的接版路线,在每一张黑白稿上进行仔细划分。先从最上面一张画起,画好一张揭起一张,依次往下直到全部画完。

5. 遮光　用遮光剂或遮光胶带遮满黑白稿中接版路线以外的全部片基。

6. 检查与补漏　在拷贝桌上,一张一张地叠加黑白稿,检查各版色与色之间的压色和对接情况,以压色不要太多或太少、对接不要出现漏光为准。

思考与练习

1. 印染工艺与印花图案设计之间的关系是什么? 举例说明。

2. 主要的印花设备有哪些? 它们的印花产品各有什么特点?

3. 主要的印花工艺有哪些? 它们的印花产品各有什么特点?

4. 家纺图案设计有哪几个美感因素?

5. 室内配套纺织品图案如何创意? 分别举例说明。

6. 连续纹样手绘图稿步骤有哪些? 按顺序列出。

7. 分色描稿分哪些步骤? 有什么特别注意的事项?

8. 作家纺印花图案设计特殊技法的练习。

(1)分别制作各种效果的肌理图案:4K黑色衬纸,安排12幅图(不限色彩)。

(2)以花卉为基本形,分别用各种肌理表现:4K黑色衬纸,安排8幅图(不限色彩)。

9. 家纺印花图案设计的练习。

（1）独立纹样的室内纺织品配套设计：床单、床盖、枕套、大小靠垫、窗帘。规格，按1/4比例设计小样（小件图稿粘贴在4K的黑色衬纸上）。

（2）连续纹样1/2跳接法的室内纺织品系列配套设计：床单、床盖、枕套、大小靠垫、窗帘（按A、B、C版组合）。规格作A版长64cm×宽$x$cm；其余按1/4比例设计小样。注意A、B、C版的组合搭配，整体设计须具空间装饰层次及现代时尚风格（小件图稿粘贴在4K的黑色衬纸上）。

第九章　提花图案设计

● **本章知识点** ●

1. 提花图案的表现技法、造型及布局排列方法。
2. 织物组织和织造工艺，图案的创意及文案的编写。

第一节　提花图案概述

提花又称织花，提花织物在我国已有几千年的历史，不同时期的提花织物，其图案纹样所呈现出来的美好寓意，都积淀着深厚的民族文化的审美趋向。图案精美、工艺精湛、品种多样的提花织物，早已赢得了世人的盛誉，成为人们最喜爱的纺织品。

提花产品是艺术表现与组织结构及材料相结合而形成的织物。在提花织物中，图案纹样是织物的外观装饰，纺织材料和组织的结构，是通过图案的形象、形态和色彩等要素转换成视觉表象的。因此，在提花织物设计中，要高度重视图案花纹和起花组织的设计，有层次地配置花组织与地组织，协调对比关系，凸显织物的花纹图案，使织物展现出最佳的效果。

一、提花工艺的基本概念

提花工艺，既是以经、纬线的浮沉来表现各种花纹的装饰形象，又是以纤维的性能及形态、织物的组织变化显示织物的质地、光泽、纹理、手感等面料效果设计方式之一。提花工艺通常分为三大部分，即准备过程、织造过程和设计过程。

（一）准备过程

准备过程主要分纬部准备和经部准备两方面，根据产品的需要，进行络丝、并丝、捻丝、卷纬、整经、浆经等过程。

（二）织造过程

织造过程是织物在织机上的形成过程，是开口运动、投梭运动、打纬运动、送经运动和卷取运动紧密配合形成织物的过程。这五大运动相互配合与科学配置，从而使织物完成形成过程。

（三）设计过程

设计过程是依据复杂的提花工艺对织物进行的综合设计工程，主要分为图案纹样设计、意匠描绘、纹板轧制、装造设计和试织。

二、提花图案的特点

提花图案设计因生产工艺所体现的特性,形成了提花图案造型丰满、结构严谨、色彩典雅、艺术与实用相结合的艺术特色。提花图案具有浓厚的传统文化色彩,其图案设计与印花图案设计有很大的差异。

(一)造型丰满

提花图案的花卉形象一般采用正面或正侧面的花头,以饱满的造型体现纹样的充实丰盈感,花纹布局匀称,穿插自然得体,常利用组织变化塑造形象,形成纹样虚实与层次变化,表现形象的立体感,使画面产生丰富的层次感。

(二)结构严谨

提花图案的形象是通过组织结构的变化显现的,因此,要求任何形象都须将花纹的结构和脉络交代清楚,图案的描绘要精细严谨,形象的轮廓要清晰。

(三)色彩典雅

提花图案的色彩具有一定的规范性,素色提花织物简洁明快,稳重大方;色织提花织物具有和谐典雅、高贵华丽的特点。在现代社会的审美趋势不断变化的情况下,提花图案的色彩运用也要根据品种的特点和市场变化流行情况适时应变与创新,还要结合纤维材料、组织结构、质地状况和图案表现技法等多种因素,实施科学的配色方案,才能使织物获得理想的艺术效果。

(四)艺术与实用相结合的造型方式

提花图案设计既要表现织物内在的优良品质,又能凸显织物艺术效果,形成具有艺术美的生活实用品,使提花织物达到形、色、质俱佳的表现要求,"实用与艺术"的双重性,是提花图案设计必须遵循的重要准则之一。

熟悉和掌握工艺是从事提花图案设计工作的重视环节。专业图案设计与基础图案的根本区别,就是设计者必须对工艺具有较为深刻的了解并加以熟悉。要想在所在的专业领域内取得一定的成就,除了加强艺术造型方面的基础训练和修养外,设计者还必须懂得相关的工艺,才能胜任提花图案设计工作,只有深谙工艺的特性,在图案设计中才能巧妙地利用提花工艺特点,变约束为特色,增强艺术创作的自信心,使图案设计过程中的艺术表现达到挥洒自如、游刃有余的境地,最终取得纹样设计的理想的艺术效果。

三、提花产品的分类

织物的品种十分丰富,产品的风格特色也各有千秋,了解和熟悉织物品种的材料性能及品质特点,对图案设计具有十分重要的意义。

(一)按生产方式划分织物种类

就生产方式而言织物主要分为机织物、针织物、非织造织物三大类别。机织物由织机织造,分为有梭织物和无梭织物。针织物分为经编织物、纬编织物和横编织物三种。非织造织物是将纤维制成网状,经过黏合成布、机械成布及纺丝成布等方法制成的纺织物。

提花图案设计主要涉及的范围是机织物和针织物。其中又以机织物图案设计为主,兼顾巾被经编织物、部分纬编织物的图案设计。

（二）按原料划分织物种类

纺织品的种类很多,主要有以棉为主要原料的织物,通称棉织物;以动物的毛纤维和化学短纤维为主要原料的织物称毛织物；以天然丝和化学长丝为主要原料的织物称为丝织物或丝绸。

1. 棉织物　经纬纱线都是用棉纱织造的产品,主要品种有细布、漂白布、府绸、卡其、华达呢、牛仔布等。棉织物具有较好的强力,手感柔软但缺乏弹性,光泽暗淡,经高级的后处理能改善性能;棉织物柔软性好,是适用于多种环境、用途广泛的家用纺织品。

2. 毛织物　经纬纱线都用纯度较高的动物毛纱作原料织造的产品,毛织物比较厚重,保暖性好,如凡立丁、毛哔叽、麦尔登、各式花呢等。

3. 丝织物　以天然或化学长丝为原料织造的,品种极多,包括绸、绫、缎、绉类等14大类上百个品种。

(1)真丝产品:真丝织物表面光滑,质地柔软而富有光泽,手感滑润凉爽,若纤维加捻,起绉,织物的弹性良好。真丝产品品质优良,价格高昂,常作为非常高档的家用纺织品。

(2)黏胶丝织物:黏胶丝织物的手感柔软滑爽,有清凉之感,一般都有明亮的光泽,但弹性较差,极易起皱,强力不高。

(3)锦纶丝织物:锦纶丝织物手感滑腻,织物不够柔软,但有很好的强力和拉伸回复性能。

(4)涤纶丝织物:具有良好的弹性,经揉搓后不起皱,手感滑爽。

(5)腈纶织物:外观像毛织物,但毛性不好,经揉搓摩擦,容易起毛起球。

4. 麻织物　麻织物是采用植物麻纤维作原料的织物,具有天然的质感,手感较棉布硬挺,纤维略脆,透气性好。主要品种有夏布、麻布、麻帆布等。

5. 混纺织物　混纺织物是指用两种以上不同纤维混纺的纱线作经纬线织成的织物。这类织物能使不同纤维间优劣互补,使织物呈现出不同特色。

6. 交织物　交织物是指用不同的纱线或长丝交织的织物,如丝麻交织物、丝毛交织物、涤棉交织物等。

7. 金属纤维织物　主要运用金属的光泽,在织物上显示华丽的效果,如金银丝织物及彩色丝织物等。

（三）按织造工艺分类

家纺织物按织造工艺分素织物和提花织物两类。提花织物又分小提花织物和大提花织物。素织物由踏盘织机或多臂机织造,小提花织物为几何形花纹,由多臂机织造。

大提花织物要用装有提花龙头的织机织造,以花版控制横针并将信息传达给竖针,控制单根或多根经丝的沉浮,使织物形成大型的纹样。大提花织物一般分为连续图案和单独图案两种。

1. 连续图案　连续图案有两种形式:二方连续图案和四方连续图案。

（1）二方连续图案：二方连续图案又称带状图案或花边图案，是以一个单元图案向水平或垂直两个方向连续的图案，这种图案经过变化组合，可以构成窗帘图案、墙布图案或床罩、地毯、桌布等单独图案的边饰纹样。

（2）四方连续图案：四方连续图案是以一个单元纹样向垂直和水平四个方向连续的图案构成形式，四个方向的无限延伸组成连绵不断的装饰平面，图案连续后形成不同的节奏美感。四方连续图案在家纺图案中适用性很强，被广泛应用于沙发布、窗帘等布艺织物中。

2. 单独图案　单独图案是具有完整的构思、独立成章的图案形式。构成的因素比较复杂，具有一定的难度，要求设计者要有相应的组织能力。

单独图案的构成可由中心花、边花、角花组成，也可由一组、多组自由形象组成。图案表现要求主题突出、主次分明、气势贯通、层次丰富、内外呼应，注重纹样之间的相互联系性，协调好构图布局中的对比关系，追求画面的整体统一效果，使整幅图案具有较好的艺术感染力。单独图案是在家纺图案设计中广泛应用的形式，如独花被面、台布、台毯、毛毯、地毯、巾被、像景和其他工艺品等产品（图9–1）。

图9–1　单独图案在家纺中的应用

第二节　图案设计与生产工艺相关因素

提花艺术属于工艺美术的范畴,具有实用性和艺术性双重功能,在图案设计中,工艺与设计密不可分,艺术设计与织造工艺的统一性是提花图案设计应遵循的最重要原则。

提花织物由图案设计和织造工艺两部分完成,提花图案设计是以多种纤维材料,运用织物在织造过程中组织结构的变化,使织物凸显不同肌理的视觉形象。也就是说,提花艺术设计是通过工艺织造程序来完成的艺术创造活动。

从实用美学的角度分析,提花设计一方面是以材料、结构、形态、工艺、色泽和纹理等各种元素体现织物的品质特点;另一方面又是通过图案纹样的艺术表现,间接反映社会审美、经济现状、科技水平等时代面貌。因此,表现材料美和纹理美是提花设计的重要环节。只有把艺术构思与创作理念,通过纤维材料、织造工艺等来表现而绘制成的图案纹样,才能充分体现织物内在的优良品质和织物外观的纹理美,形成品相俱佳的家用纺织品,更加适用于室内环境的装饰。实用与艺术紧密结合,设计与工艺紧密结合,是提花设计把握的方向和最终实现的目标。

图案是提花产品设计重要的组成部分,在其他因素不变的情况下,织物是以图案纹样的优劣显示其价值高低,另一方面,提花纹样是以织物为载体,展现其艺术魅力的。在市场竞争中,图案花色是主要的要素之一,可见,图案纹样在提花织物中有非常重要的作用。图案纹样最终的艺术效果通过织物材料的品质、组织结构的变化,有序的织造工艺和染色后整理等过程才能形成,并得到检验和评价。如果图案设计者对相应的生产工艺缺乏足够的认识,基本概念含糊不清,在进行图案设计时必然心有余悸,影响艺术创意的发挥和图案造型技法的表达,因此,掌握相关的工艺知识是图案设计重要的技术环节。

一、规格设计

织物的规格是纺织品组成主体的基础框架,规格是图案设计获得数据的第一要素和依据,规格限定了图案绘制的范围和图案表现手法的条件。织物的规格设计分为以下两部分。

(一)工艺设计

织物的规格是依据产品的用途、特点、分类、名称等大的范畴,具体地设定经纬的组合、原料的选用、经纬的线型设计、密度设计和经纬纱线的组数及其排列方式、幅度设计等。

(二)纹织设计

纹织设计是有关织物结构编制方法的设计,有素织物设计和提花织物设计两种。因此,纹织设计的内容和程序也不同。

素织物设计是将组织结构正确地反映织物的工艺设计。其设计图(图9-2)是由组织图、穿筘图、穿综图、纹板图组成。

提花织物设计是将纹样用变换组织的方法,反映在织物上的工艺设计。纹织设计由花纹的尺度和花纹的结构组织,意匠图的绘制方法,纹板的轧孔编制等环节组成。

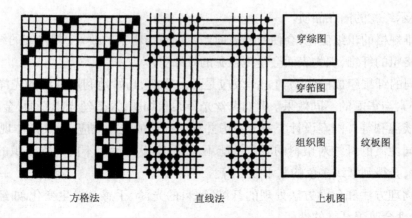

图9-2　素织物设计图

设计图案时要明确和理解规格设计中与纹样相关的因素,并以此作为设计的依据,运用多种要素展开构思与创意,如图案题材、艺术形象的选择,排列布局的形式,风格样式的定位,表现技法运用与色彩搭配等要素方面,多方位、多角度综合考虑。设计出符合生产工艺要求的图案,并能使纹样充分体现出织物质地的风格特色。

二、图案设计与工艺因素

图案设计中与工艺相关的因素有花幅尺寸、原料、经纬密度、织物组织等。

(一)花幅尺寸

花幅尺寸即图案纹样的规格尺寸,一般有两种形式:散花型和独花型。

1. 散花型规格　散花型是四方连续型图案的组织形式。花回横向尺寸的大小是由纹针、密度、装造形式等要素所决定的。

连续型图案横向尺寸是由织机的装造、纹针的数量来决定的,不可变动更改规格。

竖向尺寸是可变动的规格,可以根据图案的尺寸,运用增减目板数量来调节画幅的长短,图案设计人员可根据纹样的构成方式和需求自行确定。

连续型织物的特点是便于裁剪与拼接,在实际生活中应用广泛。

2. 独花型规格　独花型纹样规格尺寸是由织物的用途和织造设备决定的,独花产品的幅度因受纹针的限制,除极少数产品采用自由的构成外,常采用对称式的织造工艺。

(二)原料

织物的原料为纺织纤维,是一种细长柔软的物质,具有一定的强度、弹性和极好的可塑性,纤维材料是构成织物的最基本的要素,是形成织物品质重要的基础。

织物的原料按来源分天然纤维和化学纤维两大类。天然纤维有植物纤维(如棉、麻等)、动物纤维(如毛)和矿物纤维(如石棉)。化学纤维有再生纤维(如人造丝、人造棉等)和合成纤维(如锦纶丝、涤纶丝等)。另外,纺织物还较多地应用光泽亮丽的金属纤维等。

纺织原料丰富多样,各种材料都具有各自的特点和性能。在提花设计中,图案纹样的艺术表现,如果能正确运用原料的性能特点,不但能使织物的外观具有良好的艺术效果,而且能够充分展示织物的内在品质。

(1)纤维规格的粗细变化,会使织物表面产生细腻与粗犷的效果。规格细的纤维,织物表面细腻;规格粗的纤维,织物表面会呈现粗犷的效果。

(2)不同的纤维组成的织物其光泽效应是不一样的,巧妙地利用纤维的光泽效应,会使织物产生朴素与华丽的不同效果。例如真丝光泽柔和细腻,人造丝光泽亮丽,金属丝富贵华丽,棉纱暗淡温和等。图案设计要充分考虑并利用纤维的光泽效应,使纹样体现层次变化。

(3)不同性质的纤维对染料的吸色性能不同,图案设计运用不同纤维交织的方法,通过染色处理后,会得到素织多色的艺术效果等。

(4)经物理方法和化学方法处理的纤维,原料的光泽、手感会发生变化,如经加捻、碱减量等工艺处理会改善纤维的性能。

在科学技术高度发展的时代,各种新型材料层出不穷,为家用纺织品设计带来了新的契机。因此,家纺图案设计师要通过不同渠道,不断了解新知识、新技术和新原料的特性,不断创作新产品,满足消费市场的需求,促进家纺业的繁荣发展。

(三)经纬密度

织物中经纬纱线的分布密度,对面料的质地也会产生影响。密度大的织物质地细腻厚实,图案纹样表现相对精细;密度小的织物质地相对疏松,图案表现就要避免琐碎细腻的描绘,特别是点、线的表现不宜纤细,否则会形成虚渺的视觉形象,图案多以面积较粗的块面表现为宜。

(四)织物组织

在织物中,经纱和纬纱相互交错或彼此沉浮的规律即是织物组织。改变织物组织将对织物结构、外观及性能产生显著影响。组织是织花产品形成纹样的唯一要素。图案的设计是依据组织的结构特点,确定纹样的主次关系和明暗层次,如缎纹组织光洁明亮,平纹组织细腻暗淡,斜纹组织光泽适中,织花图案是以各种复杂变化组织形成的肌理,构成统一有序的纹样造型。

织物组织通常用意匠图来表示,其方法是将织物组织的结构点描绘在意匠纸上。意匠纸是由微小的方格组成循环连续印制成的纸样,组织图通过意匠纸的循环单元绘制出来。组织图的单元经线数,必须与整幅纱线的总数相吻合,循环后能够构成整体的织物组织。

组织的形式分为原组织、变化组织、联合组织与复杂组织、大提花组织。

1. 原组织　　原组织是织物结构的最基本组织,包括平纹组织、斜纹组织和缎纹组织,所以又称三原组织(图9-3)。

(1)平纹组织:平纹组织是最简单的织物组织,是由经纬线一上一下相间交织而成。经线和纬线以1:1的比例交叉起伏,形成最牢固的织物结构。平纹组织挺括、平整,外观具有沙粒感。

(2)斜纹组织:斜纹组织是经组织点或纬组织点构成连续斜线,使织物表面形成对角线的纹理,构成斜纹的一个组织循环至少是三根经线和三根纬线。变化经纬线的浮长,可以使斜纹的方向发生变化,形成经斜纹或纬斜纹。斜纹组织的光泽高于平纹组织,在提花织物的图案中,因为斜纹组织是以斜向的直线组合,因此,经常采用以线组成线或以线组成面的表现形式。

（3）缎纹组织：缎纹组织的特点是经线或纬线在织物中形成一些单独的、互不连续的经组织点或纬组织点，这些单独的组织点分布均匀，并被其两旁另一系统的纱线所遮盖，使织物的表面形成一种平滑的面的状态。

缎纹组织光泽亮丽，手感柔软滑爽。在织花产品中常以一组缎纹组织作底部的基本组织，采用另一组缎纹组织作纹样的主花组织。

(a) 平纹组织　　　　(b) 斜纹组织　　　　(c) 缎纹组织

图9-3　三原组织

2. 变化组织　变化组织是由原组织派生出的许多组织形式。在三原组织的基础上，通过变化原组织的浮长、飞数、循环等因素而得到的各种组织。由原组织派生出来的变化组织有平纹变化组织（如经重平组织、纬重平组织、方平组织等）、斜纹变化组织（如加强斜纹、复合斜纹、山形斜纹、破斜纹等）、缎纹变化组织（如加强缎纹、变则缎纹等），如图9-4所示。

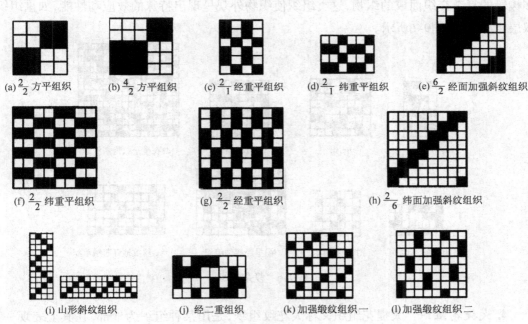

(a) $\frac{2}{2}$ 方平组织　　(b) $\frac{4}{2}$ 方平组织　　(c) $\frac{2}{1}$ 经重平组织　　(d) $\frac{2}{1}$ 纬重平组织　　(e) $\frac{6}{2}$ 经面加强斜纹组织

(f) $\frac{2}{2}$ 纬重平组织　　　　(g) $\frac{2}{2}$ 经重平组织　　　　(h) $\frac{2}{6}$ 纬面加强斜纹组织

(i) 山形斜纹组织　　(j) 经二重组织　　(k) 加强缎纹组织一　　(l) 加强缎纹组织二

图9-4　变化组织

3. 联合组织与复杂组织

（1）联合组织：联合组织是采用两种以上的原组织或变化组织，以各种不同的方式或方法互相配合而成的组织。这种组织具有特殊的肌理效果，使织物的表面呈现几何形的小花纹效果。根据联合的方式和织物外观效果，主要有条格组织、绉组织、蜂巢组织和透孔组织等，如图9-5所示。

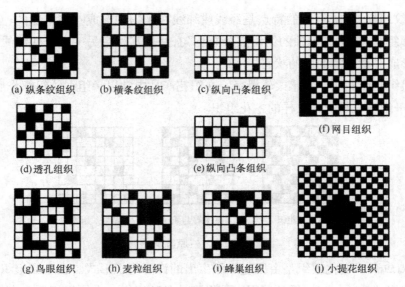

(a)纵条纹组织　　(b)横条纹组织　　(c)纵向凸条组织　　(f)网目组织

(d)透孔组织　　(e)纵向凸条组织

(g)鸟眼组织　　(h)麦粒组织　　(i)蜂巢组织　　(j)小提花组织

图9-5　联合组织

（2）复杂组织:复杂组织是由若干系统的经纱和若干系统的纬纱交织而成,即多经轴和多梭箱的复杂交织而成的织物,这类组织使织物外观呈现出特殊的效应和性能,如重组织、双层组织等,如图9-6所示。

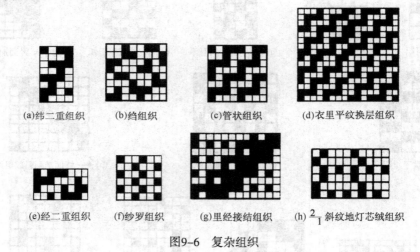

(a)纬二重组织　　(b)绉组织　　(c)管状组织　　(d)衣里平纹换层组织

(e)经二重组织　　(f)纱罗组织　　(g)里经接结组织　　(h)$\frac{2}{1}$斜纹地灯芯绒组织

图9-6　复杂组织

4. 大提花组织　大提花组织又称大花纹组织,是用某种组织为地部,在其上表现一种或数种不同组织、不同色彩、不同原料的大花纹循环的组织。

原组织、变化组织、联合组织和复杂组织织物称平素组织织物,一般用踏盘织机或多臂机织造。大提花织物则必须在提花机上织造。

平素组织织物的花纹基本是由几何形态组成的,一般由纹织设计人员完成,提花图案能表现各种装饰形象,需要由经过专门培训的图案设计师来完成。

提花图案要体现花纹清晰、形象饱满、结构严谨的特点。

由于织物受原料、组织、密度和生产工艺等要素的影响,在进行提花图案设计时,必须考虑这些因素。只有在相关要素和条件的限定内实施设计方案,才能顺利通过生产,使纸面上的图案制织成提花织物。

提花图案要经意匠描绘工序才能轧制纹板。意匠图纸要求严格、计算精确。对图案描绘、接版都有明确的要求,图案不允许以似是而非、含糊不清的形态表现,这样会使意匠工作无法进行。因此,图案的形态与结构,都必须清晰严谨,接版边线处的纹样要交接明确,使意匠绘制有所依据。

提花图案是依靠突出的花纹体现的,过于纤细和虚弱的纹样,会使图案显得凌乱琐碎、软弱无力,缺乏视觉冲击力。提花图案纹样的造型要充实饱满,才使色彩单纯的平面更加充实,富有艺术表现力,更加突出提花产品的艺术风格。

提花图案设计要巧妙恰当地运用不同的组织所产生的明暗层次和肌理效果,将组织结构的差异变换成图案形式语言。图案艺术家应按照形式美的规律,对图案花纹进行排列布局、设色和技法表现,在有限的空间内,使图案主题突出、变化丰富、虚实并举、层次分明,纹样排列有序、穿插自如,达到品质完美的艺术效果。这种将工艺要素升华为艺术形象的方法,体现了工艺美术的基本特性,也是提花艺术设计的根本属性。

第三节　家用纺织品提花图案的创意及创意文案

提花图案的设计创意,是一种通过纺织产品反映艺术创作思维的活动。其艺术创意要针对具体产品的用途、特性和生产工艺,综合考察社会的审美趋向、市场消费导向、花色流行趋势、居室环境的装饰形式等因素,对图案设计形式内容进行科学的定位。既要体现产品的品质特色,又要符合使用的需求,给人一种舒适亲切感并增添文化气息,同时能起到装饰美化的作用。

一、社会因素的创意

理想的图案设计创意,是在社会审美趋向的背景影响下产生的。人类正处在信息化的时代,科技不仅改变着世界,改变着人类的生活方式,同时也影响着艺术的发展与演变。多元化、个性化的审美取向正形成强大的必然趋势,左右着环境艺术发展的方向。文学、音乐、美术、影视等社会主流艺术正主导着社会审美意识的变化。它们对现代人的生活方式、美学观念产生巨大的影响,不断变化成各种装饰潮流,成为艺术创作的新概念、新思潮,促进了装饰领域的新变化和新需求。

二、环境因素的创意

适用于室内环境的纺织品,不但能营造出和谐的空间环境,还能通过图案纹样的形象色彩和美好意境,愉悦人的精神世界,给人以深层次的审美享受。不但能改善居住环境,还能为人们的生活增添更多的文化色彩,这也是提花产品图案设计所追求的理想境界。

室内环境中的纺织品,除具有保暖、遮光、包覆的功能外,还起到了对室内环境装饰的作用,因此在纺织品市场中,花色品种一直是消费者选择时重要的参考因素,提花织物与室内环境这种密不可分的关系,为纹样设计的创意和构思,提供了丰富的想象和创造空间。

(一)依据不同功能居室的空间创意

不同功能的生活空间存在着明显的差异,提花设计要依据功能需求区别对待,例如客厅要热情大方,卧室要亲切温馨,书房要文静淡雅,餐厅要甜蜜芬芳,卫生间要洁净清爽等,如图9-7所示。

图9-7 依据不同功能居室的空间创意

（二）依据消费群体的差异创意

消费者的年龄、性别、社会地位、经济水平、文化层次的差异，对环境的需求标准和审美趣味是不同的，儿童富有天真烂漫、活泼自由的特点，青年人追求时尚浪漫，中老年人则注重稳重传统，如图9-8所示。

这些审美趋向，对图案的创意都有重要的指导意义。另外，生活方式、文化背景、地区差异等因素，对设计也颇具影响。因此，设计时既要尊重人们的传统习惯，又要追求时尚。在传统文化的发展中注入现代流行时尚元素，在满足消费的共性需求的同时，也要体现个性化的差异，兼顾流行主体化和消费市场多元化的趋势。

图9-8 依据消费群体的差异创意

家纺图案设计要符合居室装饰整体设计的理念，而环境因素是提花图案设计创作的前提，提花设计既有自身的独立性，又是室内环境的组成部分，它与室内整体环境其他要素之间具有相互依赖的关系，共同构成完整统一的室内环境。只有从室内整体环境的特性出发，关注环境艺术的流行与发展状态，才能使提花艺术融入环境装饰的整体中。

三、功能因素的创意

家纺提花图案设计创意，首先要从实用的功能进行定位，无论什么样的产品，实用是设计的第一要素和最终目的，实用美术的本质就是确保装饰物品的实用性。纺织品的种类繁多，不同的品种都有自己的特性和相对独立的用途，比如用作窗帘和墙壁的装饰布，床上用品的床罩、床单、被面，家具的包覆布，地毯，桌布，靠垫等，它们的用途给图案设计都界定了一定的范畴。因此，提花产品图案设计必须依据产品的具体用途展开构思与创意，才能使设计达到理想的艺术境界。

(一)窗帘图案

窗帘图案一般与床罩图案相呼应，与墙布有相连因素。图案要简单大方，运用垂直、竖条的花型排列，会产生流畅的下垂感和优美的秩序条理感。窗帘图案的题材广泛，可选择几何型、植物花卉、风景以及各民族传统纹样，如图9-9所示。规则的小花纹温馨亲切；大花型表现

图9-9　风格不同的窗帘图案

大气并充满活力;花卉散发出自然的清新;山水风景则带来对田园的向往;传统图案古典稳重;多变的几何形和抽象形生动活泼、自由浪漫。

（二）床上用品图案

床上用品是卧室的主体用品,花纹图案运用系列的搭配则更具秩序感,常采用近似题材的花型、类似的装饰手法、系列的色彩搭配,从而形成整体和谐的空间感。床上用品的图案题材与窗帘的图案题材相辅相成,素材或装饰手法具有内在的联系。如图9-10所示,床品与窗帘共同搭建起卧室环境的和谐氛围。

图9-10 与窗帘搭配和谐的床上用品

（三）地毯图案

地毯是室内环境中高档的装饰物品,织物厚重松软,适合铺设在室内环境的各个空间,所起到的装饰效果也不尽相同。独幅提花地毯的图案自成一格,具有独立完整的装饰构图,铺设在客厅、大堂中引人注目,是视觉的重点。连续型图案的提花地毯,适合大面积装饰,整体铺设于室内环境中会形成节奏韵律感,图案设计注重单元纹样的连续效果。提花地毯图案

（图9-11）的题材有传统风格的古典装饰纹样、写实风格的花卉、风景、动物纹样，也有现代风格的抽象、几何纹样。

（四）沙发布图案

沙发是现代人生活中的必需品，也是室内环境中的主体性家具，它与人接触频繁、关系密切。沙发布是沙发的包覆物，是以棉、麻、丝、毛、涤等材料组成的织物。沙发在室内环境中的位置显赫，对室内整体效果的协调具有重要作用。沙发布的图案（图9-12）要具有主色调和风格倾向，花型色彩应与室内环境保持协调。

（五）台布和靠垫

台布用于覆盖桌面，处于室内环境的中心位置，会随着环境、季节、节日等变化而更换，是活动方便的纺织品。图案构成多以方形适合型为主，图案题材丰富多样，可以采用多种风格、多种形式进行装饰。

图9-11　提花地毯图案

(a) (b)

图9-12　沙发布图案

靠垫体积较小，常摆设在沙发、座椅靠近人的身体之处，因而常引起人们的视觉关注，图案设计要精致细腻，耐人寻味，色彩要鲜明活泼，在室内环境中作为点缀，起到画龙点睛的作用。图9-13所示为台布和靠垫的图案。

四、突出织物特点的创意

在家用纺织品中，提花织物以丰富多样的纤维材料、独特的织造工艺、多变的组织结构，使织物表面呈现出凹凸不平的肌理变化，产生多层次、浮雕效果，具有独特的艺术魅力。

在图案设计中，应根据原材料的性能、织造工艺水平等，做出科学的分析，从而界定产品

(a)

(b)

图9-13　台布和靠垫图案

的市场前景、价值定位和消费层次,进而因材配花,依物施色,为图案设计的构思和艺术创意赋予新的价值。

提花产品的图案花纹,是通过运用材料的多样性、组织结构的多种变化以及织机的装置等工艺技术来完成的,因此,工艺和材料对图案设计有很大的影响。在新技术、新材料、新工艺不断更新的时代,工艺技术在艺术设计中的地位和作用举足轻重,艺术与技术创新的统一,是当代艺术设计必须时刻把握的方向。

五、造型风格的创意

依据不同的造型风格确立提花图案设计的创意,也是一种常用的方法。作为室内环境装饰的重要构成元素,提花产品与其他艺术品有着相同的审美标准。审美价值是图案创作的核心。遵循美的基本原则,对构成纺织品的基本要素形象、色彩、表现技法、构成形式等灵活运用,使图案设计既可以侧重于古典庄重的传统文化风格,又可以突出现代时尚、浪漫风格;既可以表现异域风情,体现欧美风格,还可以表现回归自然的田园风格。抽象与写实风格同在,华丽与极简风格并存。

家用纺织品的提花图案设计创意,根据国际流行的室内纺织品艺术设计风格及美学原理基本划分为四种类型。

(一)古典式图案

古典式图案(图9-14)是以传统文化为特色,体现传统审美的思想,符合大众消费的经典图案。中华文化源远流长,各

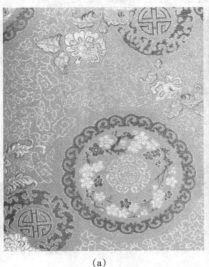

(a)

(b)

图9-14　古典式图案

个时代都留下了具有丰富文化内涵、标志性明显的精美图案。例如雍容华贵的唐代图案，简朴文雅的宋式图案，高古清淡的明式图案，繁冗复杂的清代图案等。古典图案布局对称均衡、端庄稳健，工艺精雕细琢，色彩华丽富贵，寓意美好有情趣。这种图案往往显示出地位显赫、财富丰盈的豪华气派。

（二）民族式图案

世界上各民族的宗教信仰、文化传统、艺术语言等各不相同，各具特色。民族式图案（图9-15）是以凸显异域风情、民族传统为特色的一种图案纹样风格。如活泼灵动的佩兹利图案，温柔细腻的友禅图案，排列考究的波斯图案，表现生命之树的印度图案，绘画与雕塑印象的埃及图案，原始风格的印加图案，富丽凝重、雍容华贵的朱伊图案等。

（三）国际式图案

国际式图案（图9-16）是侧重简约明快、冷静理性的艺术风格。这种造型风格与现代建筑及机械化生产的生活物品之造型风格相契合，追求一种至纯至美的几何形态造型模式，以突

图9-15　民族式图案

出功能实用和造型简练且大方的构成,体现当代社会快节奏、简约化、机械美的艺术特征,是一种以纯粹为观念的设计思潮。

(四)观念式图案

观念式图案(图9-17)是强调设计师标新立异和突出个性的造型形式。彰显出艺术家个体的艺术设计理念,提倡以人为本、以我为主的艺术创造。设计中运用个性化的装饰形式,发现和利用新材料、新形式、新工艺,打破司空见惯的装饰模式,提倡装饰、尊重传统、暴露技术、注重主观臆想或作品对人的情感及心理辐射作用。纹样以造型活泼、色彩亮丽、形态奇特而成为装饰的视觉重点,突出张扬的个性并影响他人,形成普遍的社会审美思潮。

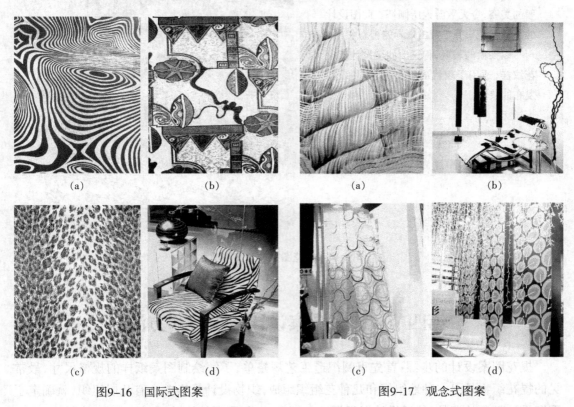

| (a) | (b) | (a) | (b) |
| (c) | (d) | (c) | (d) |

图9-16　国际式图案　　　　　　　　　图9-17　观念式图案

六、提花图案的创意文案

在图案创作完成之后,要编写图案创意文案。创意文案是用文字的描述方法,将图案的创作意图进行简明扼要的诠释,使他人对图案纹样有更加深刻的理解和领会,这种图文并茂的表达形式,是视觉艺术中经常采用的格式,如图9-18所示。

创意文案的写作内容和重点要从以下几方面着手。

(1)叙述图案创作的艺术灵感来源及图案表现风格。

(2)简述产品的材料、工艺特色。

(3)说明产品在室内环境中的具体用途。

(4)分析产品的消费群体、与市场同类产品的比较、图案的流行趋势及对市场的预测。

创意文案说明

主题:梦幻黄山

"五岳归来不看山,黄山归来不看岳",黄山那奇松怪石、云雾缭绕如仙境一般的美姿,令无数游人所倾怀。此图设计的灵感就是来源于黄山奇异的神态变化。

以抽象的表现,将黄山仙境设计成提花纹样,适用于现代居室窗帘、床品或沙发布的装饰。

图9-18　提花图案创意文案示意图

第四节　提花图案设计的步骤和方法

提花图案设计的步骤:首先审阅织造工艺规格单,了解绘制图案纸样的规格尺寸,最常见的提花织物是由一种地组织和几种花组织组成,织物设计规格单中有几层组织,就确定了图案设计颜色的套数,然后设计者根据这些要求,进行图案的构思、布局、设色、绘制等。

提花图案绘制的步骤:起草→过稿→绘制色稿→检查修整。

一、图案设计方法

(一)图案设计规格

规格就是图案绘制的范围,也是提花图案设计所必须严格遵守的条件。散花图案的规格,是长×宽的矩形平面尺寸,宽度是由织物的内幅宽度除以花数所得的数据,长度是设计者根据图案的比例斟酌自定的尺寸。图案的长度将决定目板的数量。

(二)独幅图案的设计稿

独幅图案的规格是依据不同的实用尺寸,结合生产设备、工艺而设定的。

独幅图案(图9-19)的构成形式,一般是由中心花、角花、边花组合而成的。中心花部分要形象完整、主题突出、大小得体、多少相宜,角花和边花要起到对中心花衬托的作用,并与中心花密切配合,相互照应、相辅相成,使图案的整体面貌呈现气势贯通的效果,构成和谐统一的整体装饰氛围。

图9-19 独幅图案

二、连续纹样的构图和接版方式

提花图案的构图形式与其他家纺图案具有一定的共性,因工艺的差异,又具有个性。

(一)布局

连续纹样的布局形式,分为清地布局、混地布局和满地布局三种,这三种是家纺图案设计中的基本布局形式(图9-20)。

(a)清地布局　　　　　(b)混地布局　　　　　(c)满地布局

图9-20 织花图案常用布局

(二)排列

排列指单元纹样在纸样空间内的形态组成的基本骨架,是图案样式的基本构图方法。有以下几种排列。

1. 散点式排列 散点式排列是指在一个循环单元内,依照对立统一的法则,将形态因素自由编排、组织、布局的排列形式。将花纹的形态、位置,以定点的方式,放置在一定的区域,形成图案的多种构图形式。点是指纹样及位置,点的数量、位置可自由选择。

散点式排列的基本方法是将单元平面分割成不同等量的格局,在这些小格内取点定位构图,达到画面对比平衡的构图形式。散点排列中丁形排列和S形排列方式,都是较为成熟的排列方式。

2. 几何形排列　几何形排列是传统的构图方法之一，是以几何图形进行构图的方式。设计师经常运用几何线条如直线、折线、弧线、波线和圆、椭圆、方形、菱形等作为组织纹样的骨架进行构图，使图案的构成产生丰富的变化。

3. 盘枝连缀式排列　盘枝连缀式排列是从著名的缠枝纹样中受到启发形成的排列形式，是典型的以少胜多的表现形式。其方法是运用弧线作形态的母题，正负反转、首尾相接，形成起伏错落、丰富耐看的纹样组合。这种排列形式追求曲线变化的韵律感，纹样长短的节奏感，疏密布局的层次感。

图9-21与图9-22分别罗列出提花图案的各种排列方式。

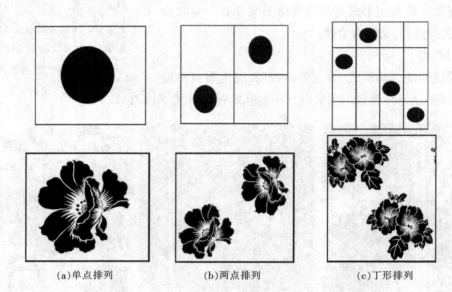

(a)单点排列　　　　　(b)两点排列　　　　　(c)丁形排列

图9-21　提花图案基本排列方式

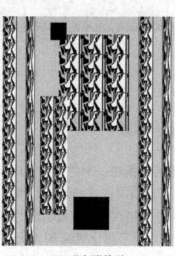

(a)S形排列　　　　　(b)几何形排列　　　　　(c)盘枝连缀式排列

图9-22　提花图案常用排列方式

（三）接版

接版是将多个单元纹样进行相互连接形成连续型图案的方法。多用于四方连续图案的设计中。

提花图案采用的接版方法为平接版。这种接版方式是由提花的生产工艺要求所决定的。其方法是在图案的上、下方向作垂直连接，在左、右方向作水平连接，使单元纹样向四个方向无限地反复延伸，形成连绵不断且具有节奏感的连续纹样。

接版是图案设计中不可忽视的环节，接版准确与否直接影响着下道工序意匠绘制的操作。因此，在纹样绘制中要对此引起极大的重视，才能使图案的纸样设计用于工艺制作。图9-23所示为提花图案的接版方式。

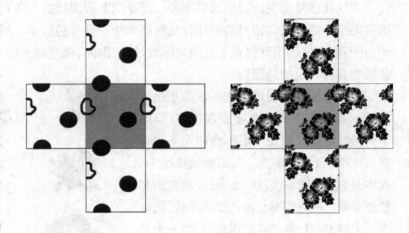

图9-23　提花图案接版方式

三、提花图案的设计程序

（1）先在稍厚的白纸上用直尺、铅笔准确地画出图案小样的尺寸，以长×宽的比例，作出长方形。

（2）在规定的范围内用铅笔画设计初稿。将要素按照构思意图，进行布局和排列，形成纹样的基本构图形式和样式。先在主要部位放置主体形象，并考虑形象的姿态和呼应关系，然后用其他相关元素将主体形象进行联结，逐步形成整体纹样。

在此过程中，要处理好要素之间大与小的比例关系，多与少的疏密关系，纹样的和谐性，纹样连续后的节奏感，并将四周边缘的纹样做基本的接版处理。

（3）描绘拷贝稿。将透明的拷贝纸或硫酸纸覆盖在铅笔稿上，用软性铅笔将画好的铅笔初稿拷贝到薄纸上。在拷贝时，要矫正铅笔稿中的一些缺陷，使线条更加流畅，形象更加生动自然，接版更加准确。

（4）涂刷底色。将调制好的底纹颜色，用较宽的笔刷，均匀地平涂在较厚的卡纸或其他厚白纸上，底色要调制得稠厚一些，避免干后深浅不一，涂刷的方向要一致，才能形成整洁的平面效果。

（5）绘制色彩正稿。待底色干后，将拷贝稿覆盖在色稿上，用硬性铅笔将纹样刻画在底色纸上，然后就可以用毛笔绘制色彩正稿了。

在色稿完成后要从整体角度认真检查一遍，特别要注意四周边缘部位的衔接是否精确，不能出现"花路"与"空路"。

第五节　提花图案的表现技法和色彩配置

一、提花图案的表现技法

(一)点、线、面的表现技法

表现技法是图案造型的重要手段，提花图案表现技法与印花图案最大的区别是以手绘图案为唯一的手法，特异的创作技法只能作为一种灵感启示，经过模仿和艺术处理才能应用，并不能直接运用到提花工艺的实际设计中，因此，提花图案的表现技法，由于受到生产工艺限制具有一定的局限性。

在提花图案的表现技法中，虽然是以点、线、面作为图案的主要表现技法，但由于其特性所在，提花图案不如印花图案那样自由挥洒，灵活多变。在图案的描绘中，大多是以用笔严谨的点、线、面技法刻画和塑造形象。提花图案与印花图案比较，犹如书法中楷书与行草书体的风格差异，一个严谨稳重，一个活泼灵动，都具有各自的艺术感染力(图9-24)。

在提花图案的技法中，点、线、面有不同的表现形式。点的表现，多采用圆形的单点、泥地点和槟榔点来造型或装饰；线的表现，则常采用工笔线、包边线、写意线造型；面的表现，以留出界路线的面、虚实面、塌

(a)提花图案技法　　　　(b)印花图案技法

图9-24　提花与印花图案表现差异比较

笔面等来塑造形象。在实际纹样的设计中，要依据图案的整体创意和纹样风格，运用点、线、面不同的特性和表现力，进行综合造型。只有将各种技法紧密联系在一起，全面考虑图案风格、形象特征、主次关系和织物组织结构的肌理效果等各种因素，采用相适应的表现技法，追求画面的整体艺术效果，才能使图案达到主次分明、层次清晰、花地明确的整体效果。

在信息化时代，利用计算机进行图案设计，不但能够大大提高设计的效率和速度，同时还会发现新的视觉世界，为提花图案增添新颖的理念，特别是利用计算机滤镜的切变功能和扭曲功能，可完成一些手工绘制无法完成的几何渐变纹样的设计，还能通过计算机的处理得到更多的形态造型(图9-25)。

(二)织物类别的表现技法

1. 窗纱　窗纱是以纱罗组织为地起花的织物，一般作为窗帘装饰，要求花型较大，造型手段要简练概括，常采用竖条形方向的排列方式，以增强垂直的条理感和较高的视觉心理感。

2. 窗帘　大多采用较厚重的织物，以优美的曲线造型，采用装饰性较强的花纹，或以植物如竹子、藤蔓等为素材，采用上升与下垂的形式，使纹样具有古典端庄、稳重文静、安逸舒

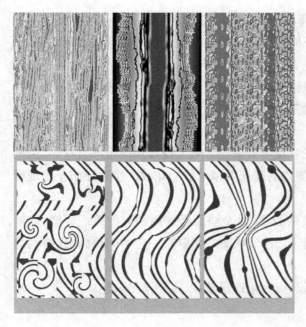

图9-25 计算机绘制的图案

适的感觉。

3. 沙发布 形式多样、风格各异,其原则是要概括简练、气质非凡,几何型、装饰型、满地小花型、田园风光型等,都具有很好的艺术效果。

4. 床罩 花样须根据品种的规格要求绘制,现代床罩的装饰与传统意义上的装饰概念具有根本性的区别,在极简主义的影响下, 小型花纹密集排列的装饰风格,打破了"四菜一汤式"的装饰样式,几何抽象型图案装饰,受到普遍的重视。

5. 靠垫与台布 小巧玲珑的织花靠垫在室内环境中显得活泼可爱,具有亲切的装饰效果。题材丰富,风格也十分丰富,动物花卉、风景人物等都是十分受欢迎的素材;装饰手法也十分多样,具象写实、抽象几何、古典民族等装饰风格都有很大的市场需求。

现代台布的装饰,一般比较注重边角部位的花纹装饰,空出中心部位或用极简的文饰,边饰的纹样大方稳重,一般以古典民族纹样及变化的装饰风格或时尚的抽象图案为主。

(三)组织结构的表现技法

提花织物图案表现要适用织物的组织结构,花纹是通过织物的组织或原料的各个要素有机结合来实现的,技法的运用必须与组织紧密联系,才能最有效地发挥图案的艺术功能。

1. 平纹组织 在提花织物中,平纹组织相对暗淡,在作花组织时,平纹常与缎纹组织结合。一般用平涂方法将块面较大的花纹进行处理,周边用缎纹组织包边,以衬托和加强平纹组织的视觉效果。不宜用泥地技法来表现,但可以用槟榔点的方式来装饰。还可以在紧贴着缎纹组织的边沿用较粗的平纹线条包边,使明亮的缎纹花增加层次感。在表现花卉时平纹常与缎纹组织结合,采用缎纹撇丝的方法可表现空灵的花蕊,并产生星星点点闪亮的特殊效果。

2. 斜纹组织 在提花产品中,斜纹组织因与其他组织对比不是很明显,通常不作主花装饰,一般用作平面的衬托花纹。

3. 缎纹组织 缎纹组织是提花织物中最常用的组织,浮点最长,光泽度也就最强,常用作地组织或花组织,如经面缎纹起纬花或纬面缎纹起经花。在用作花组织时,通常主要花纹都是以缎纹组织来表现的。缎纹组织的花纹灵活多样,点、线、面都可以运用,特别是细腻变化的泥地技法也常用此组织来表现。

缎地起花,花纹以块面表现为宜。缎地起经花,要避免横向的直线条;缎地起纬花,要避免竖向的直线条。

4. 高花组织　高花组织有经高花、纬高花和袋组织高花三种。

经高花是利用纱线的收缩性能,粗细不同和张力不同在两组经线之间形成的高花效果,花纹适合混地和满地布局,花纹以块面为主,排列方式多样自由。

纬高花是采用两组收缩不一的纬线,以恰当的组织使其中一组纬线形成高花效果,或在经线收缩性较好的情况下,采用膨胀性较好的纬线起高花。纬高花图案要避免横向的直线条,花纹的排列要匀称均衡。

袋组织高花的花型大小要适中,装饰的块面不要超过1.5cm,花纹块面也不宜过小,否则花纹不宜突起。要避免横、直线条的应用,斜线的高花效果最好。花纹的排列要防止出现横路、直路,否则会出现织物不平的弊病。

5. 纱组织　纱组织一般用作块面花纹的装饰,每个块面最好用相应的组织环绕,使纱类的特点更加明显,并使织物的结构更加牢固,各个块面之间要有一定的间隔,花纹排列均匀,避免出现急经疵病。

另外,还有一些特殊品种、组织的图案设计,因生产量较少,在此不再赘述。

二、提花图案的色彩配置

提花图案一般采用较为简练的颜色搭配,利用色相、色阶来互相衬托,构成主次分明、含蓄概括的图案色调。织物配色因受生产工艺和流行色彩的制约和影响,图案纹样的配色要符合色彩流行趋势,适合产品的实用功能,才能使织物的色彩设计具有市场竞争力。

色彩配置还要根据织物的特点加以考虑,如织物的原材料、组织结构、厚薄,织造的工艺等。这些因素也能给织物的外观带来差异,运用织物特点配色,会使图案色彩表现更加接近织物的实际面貌。

(一)根据纹样特点的配色

提花图案纹样的装饰风格和创意各有特色,色彩的配置要发挥色彩所具有的表现力,使色彩与图案装饰风格和创意协调一致,才能充分表达整体艺术效果。

1. 色彩与图案布局的关系　图案的布局对色彩的搭配有一定的影响。如清地布局具有花纹较少、形象突出、造型优美的特点,图案的配色就要简练清晰,适宜色差或色相差异较大的配色方案,使画面清晰有力;混地布局和满地布局的配色,因为花纹所占面积较大,色彩配置方案应以中和为宜,使得纹样丰富和谐;结构简单的纹样可适当用色彩变化来丰富画面。元素多样、结构复杂的纹样适宜用统一的色调来整体归纳。

2. 色彩与花纹面积的关系　选择色彩时,要考虑图案纹样的要素,要权衡数量的多与少,形态面积的大与小。各种形态所形成的视觉感不同,大块面的纹样适宜用明度和色度适中的色彩,小面积的纹样和点缀色则适宜采用对比较强的色彩。

以点、线的表现为主的图案,点线排列稀疏的花纹,适宜选用对比较强的色彩;排列紧密的纹样则适宜采用中性色彩。主体花纹用对比强的色彩,衬托花纹则适宜采用中性色彩表现。

3. 色彩与纹样风格的关系 在提花纹样的色彩配置中，要注重色彩与纹样风格的协调关系，图案的风格蕴涵着装饰的情调、趣味、品位、意境等审美趋向，如题材运用的是花鸟鱼虫、风景建筑、古董器皿、文字印章、卡通漫画等，表现的风格自然各不相同。装饰风格的古典与时尚、具象与抽象，写实与写意等，都含有特定的文化审美趋向，色彩的运用要符合图案的创意，共同构成图案整体的艺术效果。如古典型图案适宜采用稳重和谐的色彩，时尚的图案则适宜用活泼的色彩，民族纹样要选用具有民族个性的色彩等。

(二)根据织物的品质配色

织物的色彩除受纹样因素影响外，原料、织物组织及织物的密度等，也会对色彩表现产生一定的影响，因此，图案设计时的配色要统筹考虑。

1. 色彩与纺织材料的关系 纺织材料的光泽与纹样配色有很大关系。具有较好光泽的原料(如蚕丝、有光人造丝、醋酸丝、涤纶长丝、彩色铝丝等)织出的花纹，具有光彩亮丽、富贵华丽的外观。应将多种原料的光泽变化关系应用于图案的配色之中，全面贴切地表达织物成品的风格。

2. 色彩与组织结构的关系 在织花织物中，素色织物则完全依靠织物组织的变化来显示花纹的层次效果，素色织物织造后出现肌理花纹的变化，经过染色整理后呈现出来的是具有浮雕感肌理花纹的单色产品。花组织除了选用缎纹、斜纹、平纹及其变化组织外，还常使用复杂组织，如经二重、纬二重、双层组织等，主要根据花型对比、层次表现的需要进行选择，一般视花型的不同可以达到几种或者十几种，甚至更多。底色一般代表地组织，与底色对比较强的色彩为主花组织。其他色彩依据组织变化的层次来配置，通常配置与组织亮度相吻合的中间色彩。明花暗地或暗花亮地都是经常运用的配色方法。

织物组织中，平纹组织交织点密度最高，经纬的浮点比例相等，织物表面光泽暗淡，显现的色彩是经纬色的混合色。斜纹组织的交织点少于平纹，呈现的色彩高于平纹组织的亮度。缎纹组织交织点较少，织物表面光洁，经纬线配色相异，花与地的关系明确，图案通常显得十分清晰亮丽。

3. 色彩与织物密度的关系 织物的厚薄会影响花纹色彩的饱满程度。织物的密度大，其色彩的饱和度高，反之色彩的饱和度低;线密度的大小变化，色彩的饱和度也会随之产生变化，线密度大彩度低，线密度小彩度高。

4. 色彩与生产方式的关系

(1)本色提花织物:以坯布练白染色为主，一般织物为原料纯色，这类提花织物又称生货织物。

(2)交织物:交织物是经、纬丝分别采用两种或两种以上吸色性能不同的原料交织而成的织物。交织物在织造时，原料的色彩同样是以原色体现的，在染色时，用性能不同的染料配置的染液，通过一次性染色可以使织物获得两种或三种色彩效果。例如，涤丝与黏胶丝交织的产品，运用直接染料与分散染料的混合配置的染液，便可以使织物获得花、地色彩不同的效果。

(3)色织物:色织物又称熟货织物，色织物是用两种以上颜色经纱和多色纬纱进行织造的,是先将纱线染色后,再进行织造的提花织物。经、纬色纱可采用同种色和对比色两种不同的配色方法。同种色的配色柔和文雅;采用对比色的纱线交织后,织物表面能形成空间混合的色彩效果。如黄与红交织会呈现橙色,黑白交织呈现灰色,蓝与黄交织呈现绿色等。彩图75所示为不同织物的配色样式。

(4)半色织织物:这种织物的生产工艺介于熟织与生织之间,先将部分经纱或纬纱染色,织物织成后再进行匹染,成品近似于色织物。此种织物的配色要充分考虑最终效果。

提花图案的色彩配置,既要使色彩代表组织结构,同时又代表织物的实际色彩,图案设计要在规定的色彩套数内,根据色彩关系,科学配置,构成多种色调、多种艺术效果的图案。总之,提花图案的配色应该把握对立统一的艺术原则,做到主题突出、层次分明、艳而不俗、淡而雅致,使色彩具有强烈的艺术感染力,成为适宜现代室内环境的装饰产品。

5. 色彩与织物用途的关系 提花织物的品种很多,由于织物在室内环境中的位置和使用功能不同,色彩的配置也有区别。如墙布在室内整体空间中面积最大,能主导居室整体氛围,装饰位置的层次居后,使用高明度浅色调的色彩,会使空间感变大;低明度的色彩则会使空间感变狭窄,红、橙、黄等暖色具有膨胀感,使人感觉空间狭窄,同时这些色彩还有反射作用,容易刺激眼睛,使人感觉疲劳。因此,墙布多配以明度较高的浅色,如象牙色、米黄、浅蓝等粉色系。

地毯是最先进入视野的装饰物,地毯的色彩能影响整个室内的色彩基色印象。满地铺设的地毯颜色可选择与窗帘、家具相协调的色彩;单独铺设的独立形式的地毯可采用醒目的色彩,以突出地毯的显赫地位。

窗帘、家具、床、沙发等是室内环境中的主体,是居室中色彩面积较大的部分,能够影响室内整体氛围,而且能够维持基色调与点缀色的平衡关系。稳重大方的色彩配置,能够保持环境的宁静和舒缓;配置温和的中性色调,则会使人感觉平稳祥和。

随着装饰的流行趋势变化,审美的趣味也在不断变化,配色方法出现了更多新颖奇特的形式,关注色彩流行趋势和市场变化是提花设计色彩配置的重要环节。彩图76强调了流行色的运用。

三、纹样的校验与修整

(一)纹样校验注意的环节

在图案纹样绘制完成后,要检查画面是否完整,布局是否均匀,接版是否准确,并进行必要的调整修改,避免纹样出现差错。应注意以下几个环节。

1. 接版 用对角接版法或卷筒接版法,将纹样进行连接,逐花查看花纹是否衔接准确,将出现错位的地方加以修改。

2. 虚色 虚色是指在绘制时由于色彩的暧昧、含糊不清,会给意匠图绘制带来组织区域不明确的影响。

(二)在图案设计中要避免三种"档路"疵病

1. 花路 画面上花纹形成直线形的排列,特别是相同的花纹在画面上形成横向或竖向的直线形态。

2. 色路 色彩在画面上形成直线形的排列状态。

3. 空路 画面上出现的直线状态的空白底色。

这三种"路"在织造时,由于花纹在织物上分布不匀,织造过程中会造成机器的震动,导致生产操作困难、设备损伤;同时会使织物中纱线收缩力不均,致使织物表面张力不匀,出现布面不平整的弊病。

四、意匠图的绘制

在完成纹样设计后,即进入意匠图的绘制工序,通常由专门的意匠人员承担意匠绘制。意匠绘制主要内容有意匠纸的选用,纵横格的计算,意匠的分格方法,组织的编制说明等。

意匠的绘制方法和步骤如下。

(1)先将意匠纸划分成循环小格。依据意匠纸的格数,将图案纸样用铅笔划分成比例缩小、数量相同的格数。

(2)参照纸样图案,在意匠纸上用铅笔勾画出图案的轮廓。

(3)进行意匠设色。意匠设色是用颜色划分组织区域,即一个颜色代表一层组织,在一个色域内,先勾勒图案的轮廓边缘部分,然后填充铺满整个区域的色彩。

(4)按照一定的规律,绘出间丝点。

(5)轧花工人依据意匠图纸轧制纹板,并将目板串联起来上机生产。

在纺织领域中,纹织CAD系统以先进的智能化技术运用于提花设计领域,将复杂费时的人工绘制意匠图工作由计算机来替代完成,具有速度快、效率高、计算精确的特点。

纹织CAD程序是将图案经过扫描输入计算机,设计人员输入相应的命令,计算机便会按照程序将经纬密度、意匠纸的规格、各种组织的颜色区域和每个组织的结构形式,以最快的速度绘制出生产所需意匠图纸。将意匠图纸的数字文件传输到自动轧花系统,轧花设备就会按照指定的信息轧制出符合生产工艺的纹板,便可以上机织造了。如果织机是现代化的电子提花机,可直接将电子文件输入提花龙头,能省去目板,由电子提花龙头控制提花装置生产提花产品。

思考与练习

1. 提花产品主要的艺术特色是什么?

2. 什么是织物的三原组织?变化组织是怎么产生的?

3. 复杂组织与联合组织的区别是什么?

4. 在提花织物工艺中有哪些主要因素会对图案设计产生影响?

5. 织物用途对图案有何种影响?

6. 提花图案的规格是怎么制订的?

7. 提花图案设计完成后,主要对哪些方面进行必要的检验?

8. 选择一个有意思的文案题材,并简要描述其创意构思。

9. 基本技法的训练。

以单色为主塑造提花图案常用形象,画面规格:15cm×15cm。

(1)用单点、泥地点、槟榔点各塑造一个花头的造型。

(2)用不同的线绘制五种造型训练。

(3)以平涂法、界路法、塌笔法对花卉进行造型设计。

(4)用枯笔法、粗撇丝法、细撇丝法,各绘制两个以上花头形象。

10. 提花图案设计。

(1)设计一幅窗帘装饰布图案。

规格:45cm×30cm。

色彩:连地四色,温和的中性色调。

题材与风格:花卉与装饰纹样结合。

(2)设计一幅沙发布图案。

规格:30cm×40cm。

色彩:连地5套色。

题材与风格:花卉、传统装饰纹样或几何抽象装饰纹样。

(3)设计一幅靠垫图案。

规格:60cm×60cm。

色彩:连地6套色。

题材与风格:动物、花卉、风景等任选,装饰与写实结合。

第十章　刺绣图案设计

> **本章知识点**
>
> 1. 刺绣工艺与刺绣图案设计之间的关系。
> 2. 家纺刺绣图案的设计。
> 3. 影响刺绣图案设计的因素。
> 4. 电脑刺绣及刺绣图案的设计。

第一节　刺　绣

　　刺绣是刺绣工艺及经刺绣工艺加工的纺织品的统称。刺绣图案是应用于刺绣工艺的图案。刺绣工艺是一种用绣针穿引不同材质的线,在纺织产品上上下反复穿刺并留下丰富变化的线迹,产生装饰图案的工艺形式。

　　刺绣通常分为手工刺绣和机器刺绣两种。在世界工业革命之前,全世界的刺绣产品都是通过手工制作来完成的。随着机械化的发展,出现了仿手工刺绣,并产生了规模效应,形成了真正的机器绣花。现今的刺绣主要是指机器绣花,但即便是最先进的电脑绣花仍不能代替手工绣花。刺绣作品就是一个典型的艺术作品,选用不同的绣线,采用不同的针法,在不同的材质上,能表现出不同的艺术效果。针和线好比艺术家所使用的工具,纺织面料就是一张空白的画纸,刺绣的成品便是一幅精美的绘画作品。

　　刺绣是非常古老的艺术表现形式,最初是人们为了表达对心中事物的崇拜,对装饰美的向往,现在被广泛应用于家用纺织品上,如床品套件、靠垫、餐垫等。刺绣在家纺中表现得越来越精美,越来越重要,也符合人们对家纺的审美情趣(图10-1、图10-2)。

图10-1　手平绣

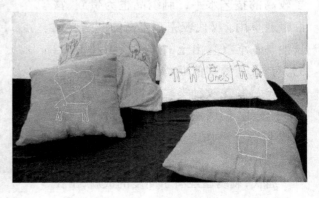

图10-2　机绣

刺绣类产品在家纺中属于中高档产品,所占比重也在逐步提高,因为绣花产品相对于印花产品来说是一种更为高档的大众消费产品,而且工艺相对简单,产品开发成本较好控制。随着人们生活水平的不断提高,人们对家用纺织品的要求也不断提高,个性、精致和触感都要融入花型中,对花型图案的要求较高,绣花或在印花基础上的刺绣类家用纺织品符合家用纺织品发展的趋势。

一、刺绣的历史及各时期的特点

早在远古时代,刺绣就伴随着玉器、陶器、织物、骨针(图10-3)的出现而诞生。人们以各种形式和方法对织物进行刺绣的尝试和实践,并逐步形成了完整的刺绣工艺体系。

古代的刺绣是用彩色的丝、绒、棉等线在绸、缎、麻葛、布帛等料上利用针的运行穿刺,来构成花纹或文字,在古籍中叫做"针黹"或"女红"。由于最初的手工刺绣是和美丽的丝织锦缎并列,统称为"锦绣"。可见刺绣利用其实用与装饰结合的工艺特色,在古代已经有较高的地位。

古代遗存至今的刺绣实物中,著名的有宝鸡西周井姬墓中发现的辫子股绣残片,有长沙烈士公园战国木廓墓中出土的两片绣龙凤绢以及406号楚墓中发现的绣花绢残片。近年在各地也有新的古代刺绣实物发现(图10-4)。

在楚汉时期,中国的刺绣艺术已经有了较高的技艺水平,刺绣品也为贵族、富商普遍享用。汉代较完整丰富的刺绣要数长沙马王堆汉墓出土的刺绣遗物(图10-5),有"乘云绣""信期绣"(图10-6)等共计6种绣法,其花纹种类较多,广泛采用了平针、丁线绣、锁绣法等针法。据古籍记载,汉代刺绣已经作为国家间的外交赠品使用。

唐代,刺绣已经有了高度的成就,由在一般服饰用品上刺绣各种花鸟鱼虫图案,

图10-3 山顶洞人使用过的骨针

图10-4 战国时期的龙凤虎纹绣罗

图10-5 汉代长寿绣纹

图10-6 西汉辫子股针"信期绣"

图10-7 元代凤纹

推进到纯欣赏性的绣字绣像等装饰品、纪念品等。随着佛教的广泛流传，许多封建地主、贵族都纷纷建造佛像，抄诵佛经，妄图成佛、长生不老，因而刺绣工艺也为宣扬佛教所用。

宋代的刺绣，绣字绣花相当盛行。妇女们多勤习刺绣，自绣自用，而作为商品还不多。在宫廷里还设有专门的机构，如"丝绣作"等。其中朝廷设的"文绣院"中有刺绣工300多人，专为宫廷绣制服饰，在当时非常出名。宋代刺绣的针法相当丰富，有抢针、网绣、铺针、钉针、补绒、扎针、盘金等。

元、明以来，刺绣的规模已不断扩大，刺绣技艺也更为完美（图10-7）。刺绣工艺以民间绣工和广大家庭妇女所绣为最多最美。她们多数是自给自足，少数作为家庭副业和手工作坊制造出售。以所绣素材的不同，有专绣日常服饰品的，有以名家手笔为蓝本的绣字绣画，来追求书画效果。

在清代，由于宫廷和贵族官僚对刺绣服饰的需要，市场大量收购定制绣品，市面作坊也日益增多，到光绪前后，不论何地所产的绣品，一律以顾绣相称。清代的刺绣品（图10-8、图10-9）包括绣字

图10-8 清代攀猿图

图10-9 清代喜相逢纹

绣画及民间服饰、日用品两种类型。绣字绣画随处可见。民间服饰、日用品,除妇女自绣自用外,各地均有刺绣作坊,雇佣专业男女刺绣艺人,制作刺绣商品出售。

到近现代,中国的手工刺绣已经遍及全国各地,每个地区的产品各具地方特色。许多绣种既继承了固有的传统技艺,又有所革新发展,针法、着色、布局都日新月异。许多民间的绣品,经过发展提高,花样等有所变化,成为出口商品,颇受国外用户的欢迎。但由于机械化、数字化等现代科技的进步,电脑绣花已经成为了刺绣产品的主导,各类商品中的刺绣基本都是由电脑绣花来完成的。电脑绣花也大大提高了绣花的刺绣效率,降低了刺绣的成本,得到了市场的全面肯定。

二、四大名绣及其他地方绣种

(一)四大名绣

四大名绣是指苏绣、湘绣、粤绣、蜀绣四种在全国闻名的刺绣。

1. 苏绣 苏绣(图10-10、图10-11)是以苏州为中心的绣种。在长期的发展过程中,苏绣在艺术上形成了色彩和谐、图案秀丽、线条明快、针法活泼、工艺精致的特点,地方风格明显,被称为"东方明珠"。

苏绣的针法较多,注重运针变化,常用的针法有齐针、散套、施针、虚实针、乱针、打点、接针、滚针、打子、掺扣针、集套、正抢、反抢等,共计四五十种。其针法的特点可概括为"和色无迹、均匀熨帖、丝缕分明、毛片轻盈松快"。苏绣就纯欣赏的绣品来说,就是以针代笔、积丝累线而成,总的特点可概括为平、齐、细、密、匀、顺、和、光八个字。

2. 湘绣 湘绣(图10-12、图10-13)是以湖南长沙为中心的刺绣产品的总称,起源于湖南民间刺绣。湘绣的艺术特色,主要表现为形象生动、质感强烈,它是以画稿为蓝本,在追求画稿原貌的基础上,进行艺术再创造。湘绣技艺独特,"以针代笔,以线晕色",一切尽在"施针用线"之中。湘绣针法多变,以掺针为主,并根据表现不同形象及不同部位的纹理要求,产生了70多种针法。

图10-10 苏绣荷包　　　　图10-11 苏绣钱褡　　　　图10-12 湘绣七星纹图案

图10-13 湘绣作品

湘绣主要由纯丝、缎和各种颜色的丝线、绒线绣制而成。其特点为：构图严谨，色彩鲜明亮丽，各种针法富有很强的表现力，通过丰富的色线和充满变化的针法，使绣出的形象具有特殊的表现力和艺术特色。无论是平绣、织绣、网绣、结绣、打字绣、剪绒绣、立体绣、双面绣、乱针绣等，都注重刻画物体的外形和内质，对于每一片叶子和花瓣都一丝不苟。

3. 粤绣 粤绣（图10-14、图10-15）由广州的广绣和潮州的潮绣两大体系组成。

粤绣的品种很丰富，有用于欣赏的挂屏、屏风、条幅等艺术品，也有大量的民间工艺品，多数为实用且装饰性强的被面、枕套、靠垫、台帏、头巾、披肩、绣衣、绣花鞋、戏装、香包、荷包等。在绣花的题材上，主要有人物、龙、凤、百鸟、走兽、花果等，其中花鸟是表现最多的题材，善于体现"平、齐、细、密、均、光、和、顺"的艺术风格。在构图上，粤绣的画面丰满、形象逼真、活泼欢快、主题突出、针法多变而又和谐统一，具有浓厚的装饰味和南国的艺术特色。粤绣在色彩上通常对比强烈，以红、橙、黄、绿、青、蓝、紫七色为主，并配以素雅的色彩，具有艳而不俗，对比强烈而又柔和的感觉。

粤绣与其他地方刺绣相比，有比较明显的五个特点。首先粤绣用的绣线多样，除了用丝线和绒线外，也用孔雀毛捻成的或马尾毛缠成的线等。其次用色浓郁鲜艳，鲜明强烈，讲求富贵华丽。第三粤绣经常用金银勾线，多用垫绣，立体感较强，有浮雕效果。第四粤绣的装饰纹样繁缛丰满，热闹欢快。最后，粤绣的完成者多为男工。

图10-14 粤绣《八仙图》

图10-15 粤绣拼布口水兜

4.蜀绣 蜀绣又名川绣,是以四川成都为中心及成都周边的县市所做的刺绣。蜀绣也分成欣赏性和实用性绣品两类。蜀绣的欣赏品多数是条屏和座屏,其内容多数表现的是花鸟鱼虫,既富有诗情画意,还具有装饰性、趣味性。蜀绣除欣赏品外更多的是生活实用品,如被面、枕套、花边、嫁衣、裙子等。实用品多以本地红、绿等色绸缎和本地自制的重彩色散线作为主要原料,由于选料、用线、制作都非常工整,多以坚实耐用闻名。蜀绣的构图简练,花纹比较集中,题材多数来源于民间吉庆词句,有明确的吉祥寓意(图10-16)和浓郁的喜庆色彩,风格上古朴自然,富有朴素的民间情感。

蜀绣针法非常丰富,有套针、车针、拧针、晕针、滚针、纱针、旋流针、编织针等多种独特的地方绣法。绣品在用针特点上短针多而细腻,针角工整,粗细丝线兼用,分色丝缕清晰,针迹紧密柔和,花纹边上的针脚非常齐整。在针法和针迹上也体现出纯朴的民间特色。

(二)其他地方绣种

除了四大名绣,我国的刺绣文化深远,流传较广,还有许多有地方特色的绣种。

1.京绣 京绣(图10-17)的历史较长。北京的艺人能制作全国各地的刺绣,并进一步融会贯通、独具特色,形成京绣。京绣中小品绣件居多,针法上包括一般绣法和挑花、补花、堆绒、纳纱、戳纱、穿球等。绣品有荷包、香囊等,用色以明快的红、绿、黄、蓝为主,纹样上主要是程式化的图案。

2.汴绣 汴绣(图10-18)是河南开封等地的刺绣艺术。汴绣的特点可概括为"工精艺

图10-16 蜀绣苍龙贺岁图　　图10-17 京绣《凤戏牡丹》

图10-18 汴绣《清明上河图》

巧、浑厚古朴、形象生动、结构严谨"，并体现着强烈的浮雕感和浓厚的中原地区的民间色彩。

　　3. 瓯绣　瓯绣是浙江温州永嘉一带的刺绣，由于地处瓯江之滨，故名为瓯绣，又称温绣。瓯绣主要是在明清后，在绣艺上吸收了苏绣、美术绣的针法，以绣画片、挂屏著称，形成了独特的江南风味。瓯绣的特点是构图简练，主题突出，纹理分明，色彩鲜艳，在绣面上醒目亮丽，精巧别致。

　　4. 戳纱绣　戳纱绣（图10-19）又名穿罗绣、纳纱绣，盛行于陕南地区。它的特点是纱、罗的经纬组织网眼挑绣花纹，常用多变的针法，构成几何形装饰纹。挑绣在古代也称挑织，它的前身是以素纱作地所绣的"戳纱"。

　　5. 湖北民间刺绣　湖北素有"无女不绣花"之说，在武汉、洪湖、沙市一带的"汉绣"，其针法以少胜多，造型夸张，气氛热闹活泼，是湖北刺绣中最有特色的。另外，挑花工艺在湖北最具群众性，应用很广（图10-20）。

　　6. 甘肃民间刺绣　甘肃的民间刺绣也很有特色，最普遍、最具代表性的要算庆阳刺绣（图10-21、图10-22）。庆阳刺绣融合各地的刺绣技艺，又保留自己的风韵。在针法上除了平绣、锁绣、挑花外，颇具地方特点的是"绷花"和补绣。

　　7. 陕西民间刺绣　陕西的民间刺绣也很广泛。最为有名的是洛川民间刺绣（图10-23、图10-24）和钱阳刺绣。其品种繁多，主

图10-19　戳纱绣《采莲图》　　　　图10-20　湖北挑花门帘

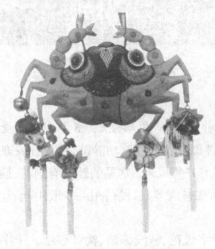

图10-21　庆阳刺绣螃蟹　　　　　　图10-22　庆阳刺绣裹肚

(a)

(b)

(c)

图10-23 陕西洛川刺绣枕顶

要特点有:实用与审美相互结合,艺术造型与民族风采相互陪衬。

8. 山西民间刺绣 山西民间刺绣中最突出的是晋南刺绣(图10-25)。其千百年延绵传承,不断创新,逐步形成了独特的风格和完整的体系,内容丰富,色彩鲜艳,构图严谨,针法多样,主要应用在日用品和服饰之中,绣品庄重朴实而又华丽多姿,色彩和谐雅致,有浓厚的地方特色。

图10-24 陕西洛川镜带

图10-25 山西晋南刺绣钱包

9. 河北民间刺绣 河北民间刺绣历来以朴实浑厚、色彩强烈、富于装饰而受人民群众喜爱。尤其是纹样上造型浑厚,删繁就简强调神似,构图饱满,动静结合,具有装饰美。

10. 山东民间刺绣 山东民间刺绣都透露着齐鲁风采。常见的针法有割花、插花、包花、拉花、挑花、纳纱等。日用品通常用棉线绣制,而在喜庆节日,民俗用品一般用丝、丝绒绣在绸缎上。

11. 上海刺绣 上海的民间刺绣主要有十字绣花、绒线编结、钩针编结。十字绣花是用五花线以斜十字形针法挑成的绣品。最初是装饰于绣花鞋、绣花拖鞋的鞋面,现在已经用到家纺及服饰的各种领域。绒线编结有钩针和棒针两大类,采用纯羊毛绒线编结成实心花、镂空花等各种图案的服饰用品。钩针编结是用钩针手工编制,以小件为主,现在也发展到家纺的大件饰品上。

三、各民族的刺绣特色

中国是一个有着悠久历史的文明古国,地域广、民族多,在各个时期各个民族都有不同的特色和文化,各民族的刺绣艺术也是各有特点。

(一)汉族刺绣

汉族是我国人口数量最多的民族,由于分布很广,各地差异较大,因而在刺绣的特点和风格上形式多样,地方性绣种很多,但通常都是图案精美的刺绣装饰品或服饰用品。随着汉族人对现代技术的较早掌握,汉族的刺绣艺术不仅在手工刺绣上有很强的艺术感,而且在电脑刺绣上更是集审美、实用、高效和市场化于一体,表现出刺绣新的生命力。

(二)苗族刺绣

苗族多数居住在云贵、两广、四川和湖南一带,是个古老的民族,在少数民族中是人口较多的民族。刺绣工艺非常细致精湛,常以剪纸为刺绣纹样,构图中常是花鸟共存、相互穿插、层次分明,在题材上主要是将苗族人民喜爱的物象,变成龙纹、鱼纹、鸟纹、蝴蝶纹、人祖纹等各种形象。尤其是寓意和神话在苗族刺绣(图10-26)中非常多,也是区别于其他民族刺绣的最有特色的方面。

(三)彝族刺绣

彝族居住在云南、贵州、广西、四川等地,是个喜爱手工艺的民族,在手工艺制品中最著名的就是刺绣。彝族刺绣的题材很广,通常是装饰化的写实自然形或几何图案,二方连续和单独纹样是他们的特点。花卉、茎叶一般是彝族刺绣的主体,花卉的基脉以波状线的形式出现,变成二方连续的波状纹骨骼,成为缠枝图案以装饰服饰品。

(四)侗族刺绣

侗族生活在贵州、湖南、广西一带。在侗族的刺绣图案中,多是一些与自身民族形成和发展联系在一起的纹样造型,有日月星辰纹、龙蛇纹、蜘蛛纹、葫芦纹、井字纹、鱼纹、花鸟蝴蝶纹等各种刺绣纹样。这些刺绣图案一般应用在侗族的服饰上,比较简练,通常出现在围胸的上部和裤脚、衣袖的边上,使服饰色彩与刺绣图案之间产生对比,形成强烈的节奏。如图10-27所示为侗族方格锦。

(五)瑶族刺绣

瑶族在广西、广东、云南、贵州和湖南的山岭之中生活,是个能歌善舞、善于刺绣的民族。瑶族的挑花、绣锦色彩丰富,变化差异很大,在图案的造型上抽象、简练、概括,构图饱满,装饰性强。

(六)白族刺绣

白族主要聚居在云南西部,在造型、用色、刺绣针法及服饰图案方面与汉族有点相似,其中绣染结合的手法是白族刺绣的特点之一。白族刺绣图案的寓意也特别丰富,有鱼螺、白虎、

图10-26 苗族平绣围腰

图10-27 侗族方格锦

龙等。

(七)纳西族刺绣

纳西族居住在云南北部,刺绣是其民间手工艺的主要形式,表现的题材主要是神话传说。刺绣纹样主要是花草、山水等,尤以牡丹花居多。通常应用在服饰上,但只是应用在重点部位,给人质朴淡雅的感觉。

四、抽纱

抽纱是以日用为主的工艺美术品类。抽纱是在刺绣和编结艺术的基础上,结合欧洲花边技艺而发展的工艺。抽纱本来的意思是:在亚麻布、棉布上,根据图案需要将部分经纱或纬纱抽去,再加以贴补、缀绣或镶拼,形成镂空花纹的装饰手工艺品。现在,由于技术革新、需求变化等,抽纱已经超出了原义,但依然称为"抽纱"或"花边"。

现在抽纱品种很多,大体可分为绣花、补花、抽纱、拉丝、十字花、隐绣、垫绣、彩平绣、习绣、扣锁等数十种。手工编结类又分为钩针、针结、万缕丝、即墨镶边、青州府、百代丽、网扣、菲立、辫子绣、网篮花、梭子花边、棒槌花边、勾勾花边、绚带花边、手拿花边及各种花边镶拼制品。

抽纱产品的主要原料通常是白色或米黄色的麻布,或是细布、色布、涤棉、双经布以及各种棉线、丝线等。抽纱产品主要是台布、餐垫、床罩、枕套、椅套、坐垫、沙发套、家具罩等家用纺织品。产品一般质朴整洁,色调柔和高雅,在花型上又常有变化,在结构布局上多采取对称形式,给人恬静大方、清秀雅观的感觉,在艺术效果上简朴中求繁复、素雅中见华丽,受到国内外消费者的欢迎。

抽纱产区主要分布在北京、上海、广东、江苏、浙江、天津、福建等全国十几个城市,其中广东汕头、福建厦门、山东烟台、江苏常熟和浙江萧山的抽纱比较有名。

（一）汕头抽纱

汕头抽纱是广东著名的传统工艺品。在布料上选用棉布、亚麻布、玻璃纱及化学纤维等，然后按照图案用剪刀将布面部分经纬纱挑断抽纱，再在剩下的没有抽出的纱线上，运用各种针法，绣出各种图案。汕头抽纱在通花的基础上，发展了近几千个品种的抽纱产品。

（二）烟台抽纱

烟台是我国抽纱的重点产区，主要是在棉布或麻布上抽去一定的经纬纱条，形成网格组织，然后用针线的编、勒、织、绣等技艺连缀成图案。烟台抽纱的主要品种除了"八大边"外，还有雕平绣、威海满工扣锁、乳山扣眼等，有着丰富的工艺技法，产品销售到世界各地。

第二节　刺绣图案

绣花类家用纺织品在家纺市场上已经连续几年成为主流，绣花也越来越为消费者所接受，变得越来越流行，而刺绣图案是决定绣花美观程度的最重要的因素。经过精心设计的刺绣图案应用在家纺上可使家纺更具审美和个性，这在强调家纺个性化的今天表现得非常重要。

一、刺绣图案在家纺设计中的审美意义

现代化条件下的刺绣是指在纺织品面料上用手工或机器绣出图案纹样的工艺，而适用于绣花的花型图案则称为刺绣图案。

一套款式简单的家纺套件，经过绣花精心点缀，就会变得优雅别致，展现个性。刺绣图案对家纺的审美意义主要表现在四个方面：首先，可有效地吸引人们的注意力，并使人们在购买家纺时对产品的注目时间更长久，体现耐看的特点；其次，可丰富家纺色彩，与面料的颜色互相协调，增强产品的层次感；第三，刺绣图案在家用纺织品的主要部位应用，可使产品产生视觉中心，容易形成风格特点，起到强化主体的作用，使消费者更容易发现自己的喜好；第四，刺绣图案经绣花后，具有与面料不同的质感，增强了图案的体积感和手感，体现绣花的独特之处。

二、刺绣图案与家纺设计的关系

对家用纺织品设计进行综合分析，家纺设计应包括三个层面：家纺织物产品设计（织物）、家纺花型设计（平面）、家纺造型设计（空间）。这三个层面是相互关联、缺一不可的，并共同构成了家纺设计的概念。从绣花类家用纺织品上看：织物设计为底层最基础环节，决定了家用纺织品用"什么"织物；绣花图案设计为中间环节，决定了家纺织物绣"什么"图案；产品造型设计为最终环节决定了家纺织物做"什么"终极产品。从三者之间相互关系来看，还应该存在一种作用与反作用的关系：织物设计能促进和刺激新的绣花图案和产品造型设计，造型设计决定了采用什么样的绣花图案与织物，而绣花图案又影响织物设计与产品造型设计，形成统一的风格。

三、刺绣图案在家纺设计中的应用技巧与影响因素

(一)刺绣是家纺设计中重要的应用技巧之一

用刺绣图案来表现设计的主体,能带给人美的感受。从家纺设计角度讲,在刺绣类家纺方面,如果家纺是设计的"内容",那么刺绣则是设计的"表现方法",刺绣图案就是表现的"关键",也是传达家纺产品风格特点的关键。任何一种表现方法都有表现的技巧,以此来体现美感。一套精致的绣花产品之所以能打动人、吸引人,就在于它选择了合适的刺绣图案。

(二)影响刺绣图案在家纺设计中应用的因素

绣花图案对家纺的表现具有相对性,对于规格、款式、面料、色彩及做工相同的家用纺织品会因为绣花图案的分类、构成形式、色彩处理、绣花材料及绣花制版设置的不同,而产生不同的视觉感受,可以使整套家纺呈现出不同的美感,体现不同的魅力,这些是影响刺绣图案在家纺中应用的主要因素。

1. 刺绣图案的分类 绣花图案可分为具象图案和抽象图案。

(1)具象图案:具象图案分为植物图案、动物图案、人物图案和风景图案四种。应用非常广泛的是植物图案,通常也叫作花卉图案,在绣花图案中占有显著地位,对传统、高雅风格很有表现力,是最能让消费者接受的绣花图案。动物绣花图案主要应用在儿童家用纺织品上,非常适合表现可爱和童趣。而人物图案和风景图案在家纺的绣花产品中应用非常少,尤其是风景图案则更少。

(2)抽象图案:抽象图案在绣花家用纺织品中主要有几何图形、线条和色块等。在现代风格的家纺设计中,应用较多,能表现时尚、简约的特点,迎合年轻人的喜好,以中青年为主要消费群体。图10-28所示的这套家纺应用的就是以线条为元素的抽象图案,轻松、休闲的特色明显。

2. 绣花图案的构成形式 与平面构成相同,家纺设计中运用刺绣图案的构成形式也可分为点、线、面及综合运用四种构成方式。

(1)点状构成:点状构成的绣花图案在家纺表现形式上有两种:一种是在产品上有一个或几个面积较大的刺绣图案;另一种是在产品上出现许多小块面的刺绣图案。点状构成的刺绣图案和平面构成中的点的特性一样,具有集中、醒目、活泼、吸引视线等一系列特征,这些特征必然会使刺绣图案成为家纺上的视觉中心,因此点状构成的刺绣图案,无论采用何种内容的图案,何种绣花表现针法,采用何种绣花线,都容易成为视线的焦点,使刺绣图案在家用纺织品上非常突出。毛巾类产品由于使用功能的需要,不适合大面积的绣

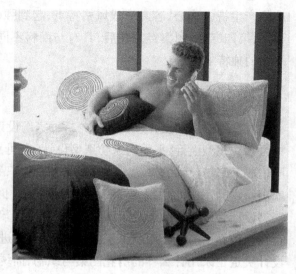

图10-28 抽象图案的刺绣家纺

花,如在浴巾上表现一个点状构成的刺绣图案,则显得精致和醒目,装饰效果非常好(图10-29)。

(2)线状构成:线状构成的刺绣图案(图10-30)在家纺表现形式上也有两种:一种是表现在主体的主要部分,还有一种是表现在产品的边缘。线状构成与点状构成的刺绣图案不同,它的表现特征非常丰富。垂直的线状刺绣图案给人庄重的感觉,水平的线状刺绣图案有平静、安宁的特点,适合于喜欢安静的中老年消费群体;斜线状的刺绣图案表现的是运动、速度,是中学生、大学生等充满活力的青年人的选择。而曲线状的刺绣图案最能体现自由、流动、柔

图10-29　点状构成的毛巾产品

美之感,这种类型的家纺绣花在线状构成中出现的最多,因为购买家用纺织品的人群大多为27岁以上女性消费者,对柔美的追求是女性消费者的共性。

图10-30　线状构成的刺绣家纺

(3)面状构成:面状构成的刺绣图案(图10-31)可以分为局部铺满和铺满两种方式。局部铺满是指在家用纺织品的局部位置出现一大块刺绣图案,而铺满方式的刺绣图案又可分为均匀分布和不均匀分布两种形式。均匀分布指刺绣图案均匀地分布于整个家用纺织品上,主要运用的是连续纹样,这类家纺一般采用绣花面料。根据市场上的绣花面料来搭配家纺的款式,几乎没有对刺绣图案的设计,因而这种绣花图案均匀分布方式在家纺设计中应用很少,市场需求也很小。不均匀分布强调的是绣花图案在铺满的同时,刺绣图案的排列、大小、疏密等出现变化,通过变化后的对比关系给人美的感受。

图10-31　面状构成的刺绣图案

（4）综合构成：综合构成的刺绣图案一般应用两种以上的构成形式，是点、线、面构成形式综合运用的一种形式。这种构成的样式很丰富，可根据主题的表现及效果的需要自由构成。用综合构成的刺绣图案来设计家用纺织品时要注意主次关系的处理，以其中一种形式的刺绣图案为主体，搭配使用其他形式的刺绣图案，避免出现构成形式过杂过乱。图10-32所示家纺产品的刺绣图案以线状构成为主，搭配点状构成，是一套精美的婚庆家用纺织品。

图10-32　综合构成的刺绣家纺

3. 刺绣图案的色彩处理

（1）刺绣图案的色彩必须与家纺面料配套：刺绣图案能美化家用纺织品，装饰家纺面料，家用纺织品的面料一旦确定，尤其是面料的色彩确定后，刺绣图案的色彩处理就必须以家纺面料的色彩为基调，在保持色调的前提下，确定刺绣图案的色彩倾向。刺绣图案色彩与家纺面料色彩之间的处理手法可归纳为统一和对比两种。统一是使刺绣图案的色彩与家纺面料的色彩相协调、融合。如彩图77所示的一套家纺面料的颜色是以粉红色为主，那么刺绣图案的色彩用能与粉红色融合的橘红来搭配比较容易形成统一的色调。对比是使刺绣图案用对比色来搭配面料，表现强烈醒目的效果（彩图78）。

（2）刺绣图案的色彩要适合主题、表现风格：对刺绣图案色彩处理，还要考虑用什么样的色彩可以强调、突出家纺的风格特点，又不破坏家用纺织品原有的色调，因此需要有选择地使用色彩。比如用白色的面料来设计儿童家用纺织品，一般来说，在白色的面料上绣花可以选任何一种颜色来表达刺绣图案，但考虑到该家纺是儿童用品，要体现儿童的风格特点，所以应选用类似于红、黄、蓝等色彩艳丽、对比明显的色彩。

（3）刺绣图案自身的色彩搭配：刺绣图案自身的色彩搭配也很丰富。一般来说刺绣图案本身根据绣花效果的需要由两三种颜色组成。同样造型的刺绣图案，应用不同的颜色对比，所体现的感觉也不同。黄色和紫色是对比色，令人感受到一种强烈的色彩冲突，在现代风格的个性化家用纺织品中出现较多；绿色和橙色是间色对比，是天然美的配色，体现自然的特征，经常应用在青春气息明显的家用纺织品中；橙色与黄色是邻近色对比，最大的特点是具有明显的统一色调，在简洁、高雅的家用纺织品中应用较为广泛。总之，刺绣图案用不同的色彩搭配能表现不同的特征（彩图79）。

（4）刺绣图案的选材：绣花线和绣花面料的材质都会影响刺绣图案的效果表达。不同材质的面料在绣花时应选用不同品种的绣花线，要考虑面料的质地，不能因绣花材料而破坏面料的质地，失去刺绣图案的美感。通常选用的标准是较硬较厚的面料，用光洁、硬挺的绣花线；柔软的面料往往选择细柔的线进行绣花；轻、薄的丝绸面料往往采用珠绣、贴布绣。

（5）刺绣图案的制版：同一个刺绣图案在制版时用不同的设置则会体现不同的特点。如一个简单的刺绣图案用不同的针法就有不同的效果。用"平包针"时，刺绣图案则反映出简洁、平实的特点；用"他他米"时，刺绣图案则很有体积感，给人厚重的感觉；用"主题花纹填针"时，刺绣图案会表现出很强的个性和特色，在追求时尚和个性的时代，用这种针法的刺绣图案很有表现力。在绣花制版时，设置绣花针距的长短也体现不同的特点。针距大时，刺绣图案上的绣线较疏松，比较适合自由、随意风格的刺绣图案；而针距小时，绣线较紧密，适合表现精致、严谨的刺绣图案。

四、刺绣图案在家用纺织品设计中的发展方向

（一）刺绣图案应适合绣花类家用纺织品高档化的趋势

刺绣产品在国外是属于高档消费品，一般刺绣产品的销售价格要比其他类产品高出很多，特别是高档贡缎类绣花，更是少见，类似在国内一些大卖场刺绣产品满天飞的情况几乎没有，刺绣产品在消费终端只占到很少部分，最多见的还是印花、色织、大提花类产品。中国的绣花类家用纺织品经过最近几年的发展，向高档化转变的趋势也越来越明显。因此，刺绣图案的应用也更加具有设计感，体现高档化的趋势，在刺绣图案的设计上应以高雅和个性的素材为主，增强层次感。

（二）刺绣图案的风格趋势

刺绣图案的风格特点也在不断变化。绣花刚开始流行的时候，刺绣图案的花型设计比较传统和单一，基本上以中国传统的题材居多，例如龙、凤、牡丹等。之后受国际流行趋势的影响，与时尚接轨，世界最大的家用纺织品展会——法兰克福家用纺织品博览会是家用纺织品流行的风向标，近几年的展会都以现代风格的家用纺织品引领时尚。刺绣图案的风格主要分为精致的传统风格和时尚、简洁的现代风格。随着20世纪70年代以后出生的人逐渐成为社会的最大消费群，他们的文化层次相对较高，并追求简洁、讲究时尚，现代风格的刺绣图案是他们的选择。

（三）刺绣图案需要个性化特色

经过几年的发展，绣花的工艺和手法更趋多样化和新颖化，表现手法千变万化，能把绣花图案的个性特色表现得淋漓尽致。随着国内家用纺织品市场的不断成熟，各种主流品牌都将个性和特色作为产品开发的重点，以满足市场对品位和个性越来越高的要求。用高档

的面料配上精致的绣花,采用绗缝和特种绣,尤其是在针法上使用个性化针法,如"主题花纹填针"针法,使整个家用纺织品的档次和品位凸显出来。因此,刺绣图案的个性化特色也将成为流行的方向。

(四)印绣结合等各种手法是刺绣图案的发展方向

前几年,纯色布绣花是流行的主流。现在,纯色布绣花和印花加绣花都成为主流,把刺绣图案绣在印花面料上呈现出越来越明显的流行趋势,以后还将出现更多的多种工艺结合的家用纺织品。

第三节　刺绣、抽纱图案设计制作的工艺与方法

一、手工刺绣

(一)手工刺绣的工具

1. 刺绣绷框　刺绣绷框主要有两种,手绷和卷绷。手绷(图10-33)通常是用内外两个圆形竹圈,把刺绣的布料夹在两个圈中绷紧。现代的竹圈上装有螺丝装置,可用来调节绷框松紧。由于竹圈限定了尺寸,因此手绷方式的刺绣携带比较方便,适合小件手工刺绣的制作。卷绷可以使面料的长短伸缩,适合面积较大的刺绣制作,一般适合专业刺绣生产。

2. 绷架　绷架是支撑卷绷的架子,以便双手上下操作。

3. 剪刀　刺绣的剪刀(图10-34)不同于普通的剪刀,刀口非常锋利,刀尖细长而向上弯曲,很适合在布面上剪去线头。

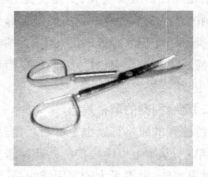

图10-33　手工绣花圆绷　　　　　　　　　图10-34　手工绣花剪

4. 针　针又可分为绣花针、毛线针、十字布针、穿珠针等。绣花针一般短而细,整体制成,针鼻钝、针孔较长、针尖细而尖锐;毛线针是一种圆粗的圆尖针,用于较粗的材质面料的绳线绣;十字布针针体长而大、针尖圆、针鼻钝,用于十字挑花绣等;穿珠针的针体细长,用于穿缀珠子、珠片等。

(二)手工刺绣的材料

手工刺绣所需的材料通常由织物、绣线、刺绣辅料组成。

1. 织物　刺绣用织物的面料很广，棉、麻、毛、丝绸及化学纤维等材料都可以用作刺绣的底布。要根据绣品的用途和需求来选择合适的面料，并结合各种面料的表现力，设计合适的刺绣图案。

2. 绣线　绣线可以分为棉线、丝线、金银线、绒线、合成纤维线等。不同材质、粗细的绣线可根据图案的不同，布料的不同，表现出不同的设计感。

3. 刺绣辅料　刺绣辅料有很多种，主要是指在刺绣过程中，装饰于刺绣品的辅件。比如各类珠子、珠片、扣子等。

（三）手工刺绣的针法

刺绣是在针线缝纫的基础上发展起来的。最初是先有简单的针法，才有了图形，进而在图形上刺绣。随着图形的装饰越来越复杂，对工艺技巧的要求也相应提高，因此也促进了针法的发展。

刺绣一般是在织物上作平面的装饰，基本维持了织物表面的平面效果。线料微微高出织物的表面，形成浅浮雕的效果，在触觉上形成相应的材质对比，视觉效果大为丰富。对织物而言，这种针法可分为以下几种不同方式。

1. 加线绣　织物平面附加平面线迹的刺绣，针法一般配合纹样的图形要求而进行搭配。中国传统刺绣技法中的平绣、打子绣、乱针绣等是常用针法，一般采用丝线刺绣。

（1）平绣：是最基本的针法，主要有齐针、盘针、套和针、抢针、散错针、辅助针等。

齐针是从纹样的一端到另一端用直线直接绣出纹样的形状的针法，分为直针绣和缠针绣两种。直针绣（图10-35）是完全用垂直线进行绣制，绣出纹样的形状，绣线的纹路全部都是平行排列的，边缘整齐，轮廓分明。缠针绣（图10-36）是采用斜行的短线倾斜缠绕纹样的轮廓绣制，要求绣线走向一致，针迹匀密，绣面平滑。

盘针是表现有弯曲度变化的形状的针法，主要有切针、接针、滚针等。切针（图10-37）是针迹和针迹相连而刺，每针长度不超过三根纱线，第二针仍接在第一针的原眼起针，针迹细小，不能藏去针脚。接针（图10-38）是先平绣一针，然后以第二针紧接在第一针尾的里面，连续操作，并且针迹长短一致。滚针（图10-39）是先平绣一针，第二针要在第一针中偏前的位置刺出，把针脚藏在第一针线下，第三针紧接在第一针的尾偏前的位置刺出，针脚藏在第二针线下，依次类推。

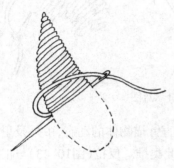

图10-35　直针绣示意图

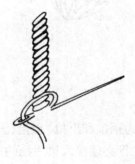

图10-36　缠针绣示意图

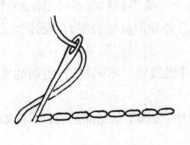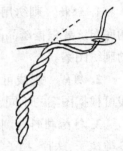

图10-37　切针示意图　　　　图10-38　接针绣示意图　　　图10-39　滚针示意图

　　套和针是晕色的主要针法，有套针、掺和针。套针的针法是一批一批地施绣，将下批插入上批成套。套针中又分为平套、双套、扁平套、活毛套等种类。其中平套针（图10-40）是将第一批由边起针出边，用齐针绣，边口整齐，每针之间须留一线的空隙，以套第二批之针。第二批开始用套针，第二批在第一批之中四分之三处下针，第三批接入第一批线尾稍前和第二批的空隙处，约在第二批的四分之三处，依此类推。掺和针（图10-41）是长短针迹参差掺用，后针由前针的中间缝隙处插出，边口参差不齐，可增加色彩变化，形成空间混合的效果。

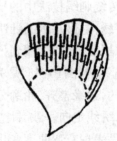

图10-40　平套针示意图

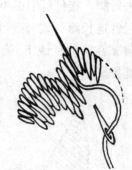

图10-41　掺和针示意图

　　抢针分为正抢和反抢。正抢（图10-42）是用短直针描物体的动态，由外及里，第一批出边用齐针，第二批必须接入第一批的三分之一处，依此类推。反抢（图10-43）与正抢正好相反，由里层做到外层。

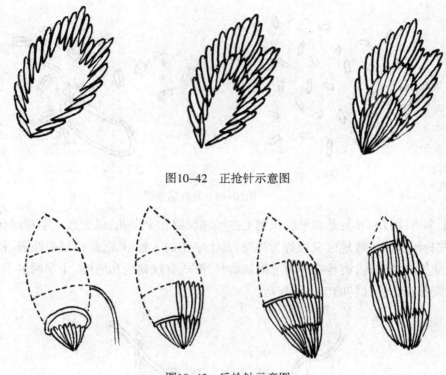

图10-42　正抢针示意图

图10-43　反抢针示意图

　　散错针是多种针法的灵活变化和综合运用,力求表现逼真的形象,体现刺绣中的浓淡、虚实的效果,也可分为散整针、虚实针等。

　　辅助针不是独立刺绣的针法,而是为了刺绣形象表现的需要,起加强效果作用的针法。辅助针的针法非常多,主要有施毛针、铺针、扎针、刻鳞针、双面绣等。

　　(2)打子绣(图10-44):是常用的针法,是将第一针用针尖在接近绣地的位置的线的末端,向内绕一圈,在离原针眼处一两丝布纹处截下。收紧线圈就形成了一粒子的线迹,绣每一粒子时用力要均匀,不能露出底布。打子绣针法可以独立采用,也可与其他针法配合,增强刺绣的丰富度。

　　(3)乱针绣(图10-45):针法较自由,用长短不一的针脚形成不规则的排列,重在色彩光感的表现,能很好地表现笔触随意强、色彩丰富的绘画和仿真图像。

　　2. 变组织绣　利用织物的经纬组织特点进行后处理,部分改变织物组织结构的刺绣。有十字锈、网绣、纱绣和铺绒绣等几种。

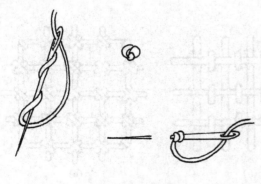

图10-44　打子绣示意图

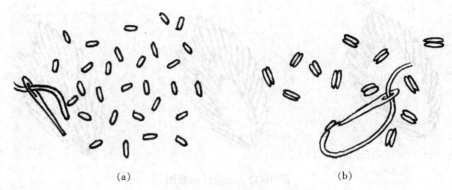

(a)　　　　　　　　　　　　　　(b)

图10-45　乱针示意图

(1)十字绣(图10-46):是在平纹织物上按经纬纹路扣十字花,以无数十字花组合成多种图案。这在我国少数民族地区又被称为挑花,是十字绣的一种形式,纹样规律性强。挑花的特点是不改变织物的结构,而是在平面上附加线料,形成有规则的几何纹。十字绣的手法很多,各国各民族都有自己独特的十字绣技巧。

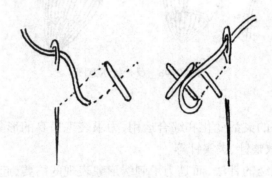

图10-46　十字绣示意图

(2)网绣(图10-47):是用网状组织的形状来绣制图案的方法,是一种在绣地上增加层次的比较简单美观的方法。具体的方法是先打好水平、垂直的格线,再组织一定角度的斜线,以便组成几何纹样,然后将几何骨线拉成三角形、菱形的格子,起落针在边缘上,可在这些格子中进一步组织各种图案。

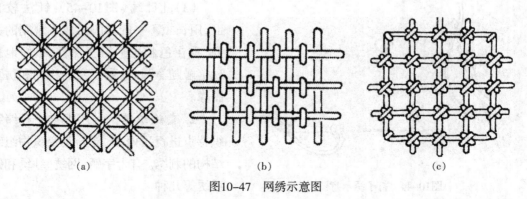

(a)　　　　　　　　　　(b)　　　　　　　　　　(c)

图10-47　网绣示意图

（3）纳纱绣：又称为纳绣，是一种在纱罗材料上绣制的方法，它必须根据织物的组织纹理进行装饰。纳纱绣是直纹绣，可以横跨数根纱，采用直搭针进行刺绣，图案造型以水路为分界，以几何图形为特色，在图案造型轮廓线处自然留出水路。

（4）铺绒绣：是类似手工纬锦的一种刺绣工艺。铺绒绣必须使用纬线挑织预先铺设的经线，形成花纹。其实铺绒绣的过程就是编织的过程。

3. 浮雕绣　在织物上附加高出表面的浮雕式刺绣，纹样装饰成立体效果的刺绣。有珠片绣、盘金绣、钉线绣、带绣、堆绣等很多种针法。

（1）珠片绣：是使用珠、片材料的刺绣，有珠绣和片绣两种。珠片绣主要是通过针线有规律或随意穿缀珠片，钉缝在织物上而成。因此，珠片绣一般是在织物的表面堆积成特定的纹样，可以是平面式的有规则排列，也可创造性地随意叠加成三维造型。现在珠、片的材料取材广泛，涉及自然和人工合成物质，比如玻璃、化学材质、金属等制成品，光泽华丽。珠片绣丰富的造型，华美的装饰，使织物散发珠宝般的光泽和魅力。

（2）盘金绣（图10-48）：是传统宫廷绣和宗教绣中的常用工艺，是用金线盘出图案的外边轮廓，图案中的其他内容则采用其他针法与盘金绣配合，得到金线勾边的效果。

（3）钉线绣：是用一种称作综线或包根线的特制的细线代替金线，其他方法与盘金绣一样，由于这种方法用线的色彩非常丰富，因此比盘金绣应用得更为广泛。

（4）堆绣：又称作高绣，使用填充物，再罩绣上需要的针法。纹样部分高出布面，层层起伏，有强烈的浮雕感。

（5）带绣：也称作扁带绣，它有效地利用了丝带的幅度与量感，立体感明显。带绣的针法与线绳类刺绣的针法差不多，一般也是普遍采用平绣针法。

4. 附加织物绣　有在织物表面附加织物，形成微凸的纹样立体造型的方法，以及在织物表面钉缝使之立体塑形的方法也是刺绣常用的针法，有补花、褶绣等。

（1）补花（图10-49）：是一种加法的刺绣方法。在我国，补花又称作贴绢绣、贴绫绣，在花纹下加垫衬的叫包花。包花工艺是将各种材质的织物剪成花形，再贴缝在织物上。

（2）褶绣：是一种使用堆褶技巧的刺绣方法，是线绣与面料造型工艺的混合运用，是刺绣造型立体的形式深化。褶绣要先把织物折叠堆褶，再钉缝布褶突起的部分，展开后形成新的平面，再施绣花饰。现代科技的发展使刺绣材料更加多样化，通常采用镶嵌和缀饰的工艺把一些新型材料点缀在绣品上。

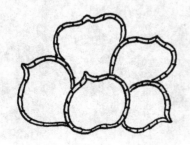

图10-48　盘金绣示意图

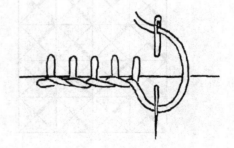

图10-49　补花示意图

二、抽纱

抽纱是从属于刺绣工艺的一种,是刺绣的一种针法。抽纱由于具有很强的独立性,在教学上也经常作为独立部分讲解,所以在这里只作简单介绍。抽纱的方法必须在织物上先做减法再做加法。抽纱工艺就是花边式的编织刺绣。它按照纹样的图形要求,抽去不需要的经纬纱线,在布丝格子上扎绕编缝完成设计要求的图形区域,因此,抽纱工艺受到布丝限制,布丝的粗细、疏密都对针法造成影响。以下是几个抽纱制作的实例。

(一)贴布手法(图10-50、图10-51)

(1)把面料烫平,平整地摆放在台面上。

(2)裁剪好若干块正方形等大的面料。

(3)把正方形面料的四角对正A点折叠(BCDE),并把四角用绣针固定住,再反过四角对A点用针钉住成小正方形($B_1C_1D_1E_1$)。

(4)把这些小正方形,拼成一个大正方形,两块两块地拼缝在底料上。

(5)整个版面整理好,再剪小正方形压在底料上的正方形上面。

(6)把正方形的四边往里手工包缝好,一个角对一个角,把整块版面缝好,整理平整。

(二)正网状编结手法(图10-52、图10-53)

(1)将面料摆平,按所需的要求来设计面积。

(2)做成边长为2cm的正方形打好格子。

(3)按图示,按$A-B$、A_1-B_1……钉线打好结。

(4)按顺序一行一行钉好。

(5)整个面整理平整。

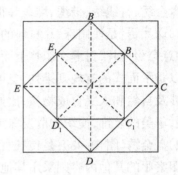

图10-50 贴布手法结构图

图10-51 贴布手法效果

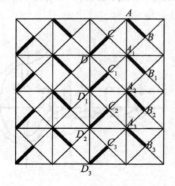

图10-52 正网状编结结构图

图10-53 正网状编结效果

（三）正人字编结手法（图10-54、图10-55）

（1）将面料烫平，按所需的面积来设计。

（2）做成边长为2cm的正方形，打好格子。

（3）按图示中A_1-A_2、B_1-B_2……所示的顺序一行一行打斜缝钉好。

（4）整理整体，人字编结的抽纱图案就出现了。

（四）对角编结手法（图10-56、图10-57）

（1）把面料摆平，按所需的面积来设计。

（2）做成边长为2cm的正方形，打好格子。

（3）按图示，按A_1-A_2、B_1-B_2……钉线打好结。

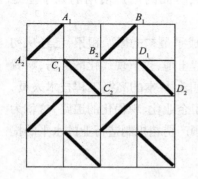

图10-54 正人字编结结构图

图10-55 正人字编结效果

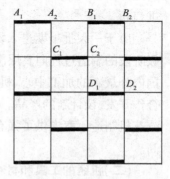

图10-56 对角编结结构图

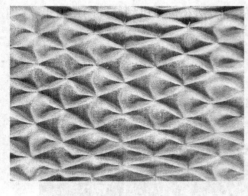

图10-57 对角编结效果

（4）按顺序一行一行钉好。

（5）把整个面整理平整，就有了抽纱效果。

三、机绣

传统刺绣是由手工一针一线绣出，工业化后机绣产生，随着机绣技艺的改进提高，制作一般日用绣品又快又好，较复杂的纯欣赏屏障之类，均能按照画稿要求绣制，达到较高的艺术水平。现代的机绣和电脑绣花，是刺绣顺应工业化大生产的需求、机械生产方式发展而来的。一般适合于工艺要求简单、针法较单一、需要大批量生产的刺绣织物生产。

（一）电脑绣花的现状和前景

电脑绣花产生于国外，国外著名的绣花机有德国的ZSK，日本的田岛、百灵达、幸福，韩国的SWF。1987年我国成功研制出第一台拥有全部自主知识产权的电脑绣花机电脑控制系统，填补了国内空白，开始了国产电脑绣花机的生产。

到现在国产绣花机品牌已非常丰富，如北方有天鸟、青岛鹰轮；南方有飞跃、中捷、通宇、饶美、富怡、天虹、傲宇、展艺；福建有永信；上海有上工、标准、芬士达；张家港有通力等，尤其是浙江的台州、东阳等地已成为中国绣花机的一个重要而集中的制造基地。

生产厂家由最初的四五家发展到现在的数百家，年产量从最初的200多台发展到现在的几十万台，机器品种从最初的单一平绣发展到现在的各种特种绣，应有尽有。国产绣花机已经完成了产业化进程，成本下降，售价大为降低，用户选择范围宽，再加上大多厂家的分期付款甚至先用后买的优惠政策，使得绣花机行业的门槛大大降低，从而促进了整个行业的强劲发展。但总的看来是科研能力差，生产能力过剩，综合竞争力弱。

中国电脑绣花机发展虽然取得了很大的进步，但并未对进口电脑绣花机的市场造成真正的威胁，进口机器市场并未萎缩，总利润远远大于国产机的总利润。拥有进口机器的用户的竞争能力远高于拥有国产机器的用户，生产高档绣品的用户使用的几乎全是进口机。

由于一大批早期进入绣花机这一领域的先行者，已经完成了最初的原始积累，已经从初级阶段的制造过程向高层次的第二次创业阶段发展，纷纷购置土地，盖上现代化的厂房，购置国内外最新的加工中心、机械设备，甚至不惜重金聘请来自德国、日本的高级工程技术人员，合作开发，设计新的产品。中国零部件生产方式也已经走上了企业化、现代化的道路，这就为绣花机制造厂商提供了强有力的制造基础和条件，促进整个国产绣花机制造行业的水平的提高。

(二)机绣的工具和材料

电脑绣花机是当代最先进的绣花机械，它能使传统的手工绣花得到高速度、高效率的实现，并且还能实现手工绣花无法达到的"多层次、多功能、统一性和完美性"的要求。电脑绣花机是一种体现多种高新科技的机电产品。我国生产的电脑绣花机在机械结构的用材上、在加工精度和工艺水平上、在控制系统上与国外同类机种相比尚有一定的差距。

1. 电脑绣花机的分类 电脑绣花机品种繁多，规格各异，目前尚未制订统一的分类方法，一般说来常用以下一些分类方法。

(1)以机头的多少来分，可分为单头机(图10-58)与多头机，多头机一般在2~24头。

(2)以每一头所含机针的多少来分，可分为单针与多针(图10-59)，一般为3~12针。

图10-58　单头绣花机　　　　　　图10-59　九个针头的绣花机

（3）以送料绷架形式可分为板式与筒式。

（4）以绣花所用线迹形式分为锁式线迹与链式线迹。

2. 电脑绣花机的构成与原理 电脑绣花机主要是由刺绣装置、移框装置、辅助装置构成。

（1）刺绣部分由主轴电机、变速装置、光电编码器、上传动轴、下传动轴、旋梭、针杆传动机构、挑线机械等组成,通过针杆与旋梭的相互配合动作完成刺绣过程。

（2）移框部分由步进电机、导轨副、绣框等组成。刺绣图形的完成不仅取决于刺绣动作,还依赖于绣框的准确移动。刺绣时绣框在X、Y两个方向位移,其运动轨迹受电脑控制。电脑控制部分依照所要刺绣的图形分别向X、Y方向步进电机的驱动电源发出脉冲控制信号,步进电机按一定的步距运动,再通过齿形带的传动,由导轮带动绣框沿X、Y方向移动。

刺绣过程中不仅绣框频繁地正反向移动,而且步距要求十分严格,位移允许误差极小,靠步进电机的良好特性来满足刺绣要求。导轨副则由导轨和导轮组成,在X、Y方向上各有一副导轨和四个导轮,在齿型带的拖动下导轮带动绣框沿导轨在X、Y方向依序往复移动。这样,步进电机和导轮的准确移动共同确保了绣框的准确位移,进而保证了刺绣图形的精确完美。

（3）电脑绣花机其他部分的工作原理。刺绣过程中由于高度自动化的需要,除了以上两个主要机械部分之外,还有其他几个辅助部分,即换色、勾线、剪线、扣线部分。

换色部分主要包括换色电机和凸轮箱。当刺绣过程中需要自动或手动换色时,电脑控制换色电机旋转,带动凸轮箱内的凸轮轴旋转,滚轮沿凸轮槽移动到一定位置,带动换色杆作水平移动,进而带动针杆箱左右移动到相应位置完成换色动作。换色电机的运动则采用光电检测、传感器定位来控制,以确保定位的准确,最大限度地保证了刺绣图案的完整和准确。

勾线、剪线、扣线主要由扣线电磁铁、扣线连杆、下线保持器、剪线电磁铁、剪线凸轮、剪刀、勾线电磁铁、勾刀等组成。勾线、剪线、扣线这三个动作是依序进行的动作,其动作的可靠程度是确保电脑绣花机能够高速自动刺绣的重要条件。在绣品刺绣完成或刺绣过程中需要换色时,电脑控制系统自动控制主轴电机减速,依序完成扣、剪、勾的连贯动作,为自动换色和结束刺绣创造了条件。勾剪扣的连贯动作,是在十分短暂的时间内完成的,其完成质量的好坏,将直接影响到绣品的自动刺绣和质量。

3. 电脑刺绣的织物、绣线及辅料 电脑刺绣可用的织物范围广泛,主要有棉、麻、化学纤维等织物。绣线可以分为棉线、丝线、金银线、绒线、合成纤维线等,若配上绣花机上的专用设备,则还有许多绣线可以使用,如花式线、绳带线及珠片等。在辅料上,必须要用的是底衬和喷胶,主要起到固定绣花面料的作用,有利于绣针在面料上刺绣时比较平整和准确。电脑刺绣前要根据绣品刺绣的针法和针数的疏密及绣品的使用要求等综合因素来选择合适的面料,并搭配合适的机绣针,选择合适的绣线来制作刺绣图案。

（三）电脑绣花的制板

电脑绣花机的发明导致了传统刺绣工业的革命,因此各种电脑刺绣打板系统应运而生。它控制着整个刺绣的过程,全部由电子系统操作。绣花机绣什么图案,每一种图案怎么绣,取决于储存在电脑绣花机控制系统内的信息,而负责提供信息的是绣花机的配套设备,也就是电脑绣花花板编辑系统(图10-60)。目前市场上流行的电脑刺绣编程系统有日本的田岛、百灵达以及德国的ZSK等。

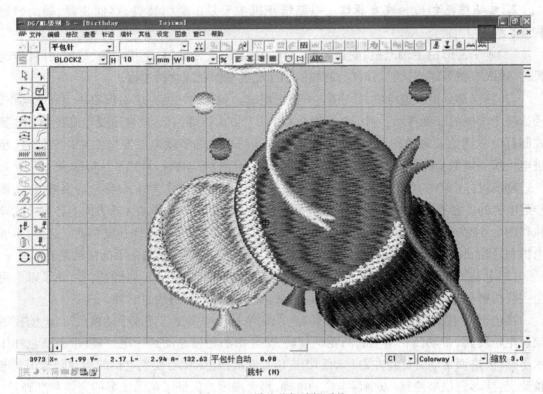

图10-60　绣花花板编辑系统

通过常用的图形输入设备,把花稿输入电脑刺绣的打板系统,得到花样数据。系统把刺绣工艺过程分为两大类:轮廓绣和填充绣。无论是轮廓绣还是填充绣,完成各种针法的工艺针首先要得到花样的轮廓线或边界,通过对花稿的图形处理、换色设置、针法设置等,保存为电脑绣花机的可读取格式,并将其输出到存储器上。通过存储器将这些针位数据传送到绣花机上来控制电脑绣花机,可大批量生产出刺绣产品。

电脑绣花机打板的成功与否,决定了绣品的质量,也决定了刺绣的成本。任何一个优秀的打板师在开始工作前都需要花上一定的时间研究图样,决定打法。在打板过程中会考虑尽量减少换色的次数,在保证效果的前提下减少刺绣的针数。例如,打板师在研究一个图样的打板时,通常由图案的背景部分开始,可以尽量在同一区域一次性打完同一色的部分,但为做出复杂的图案,有时不得不在打板过程中,由一个区域的一色打到另一个区域的同一色,比剪线更有效,这样绣花机不必停车,可以节省几秒钟的时间,相应提高了刺绣的工作效率。

(四)电脑绣花的针法

所谓针法就是指不同的下针轨迹组合形成具有不同外观视觉效果的针迹规律对落针点的要求。电脑绣花的针法有很多种,最基本的是平针、平包针、他他米针。其他针法都由这三种基本的针迹发展而来。合理利用上述各种针法组合再通过工艺参数的正确确定,完全可以绣出绚丽多彩的图案。

1. 平针 平针(图10-61)是最简单和基本的针法,适用于刺绣一些较细的线段,一般在刺绣花样中增加一些细节时使用。这种针迹可以被应用于下缝针迹和隐藏的运行针迹。

2. 平包针 平包针(图10-62)用来填绣一些细长、弯曲的图形,在用平包针刺绣这类图形时,绣针首先在图形的一侧上穿一个孔,然后在图形的另一侧再穿一个孔。绣线将横跨过图形。第一针和以后的每一个奇数针迹都近似垂直于图形的边,因此它们看上去相互平行,并具有很好的覆盖性。

3. 他他米针 他他米针(图10-63)是由一种特殊排列的平针针迹组成,适于绣制花稿中较大面积和不规则的图形,覆盖性非常好。这些针迹跨过整个图形并沿着边界相垂直的方向有序排列,在图形中形成了一些前进和返回的列。这些垂直的列可以是相互平行的,也可以是稍微弯曲的。每一列的针迹都按照一定的偏移值来进行排列,以此来防止针孔在水平方向上形成明显的分割线。这样的针迹非常紧凑,能绣出实心的感觉。

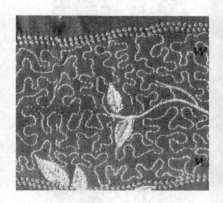
图10-61 平针

图10-62 平包针

图10-63 他他米针

4. E字针 E字针(图10-64)的绣针首先在图形的第一条边上穿出一个孔,然后再在图形的第二条边上穿出一个孔,使绣线排列在图形的一条边上。这时绣线形成了一个梳子的形状。E字针迹通常适用于针迹密度比平包针和锯齿形针迹更为稀疏的场合。

5. 周线针 周线针(图10-65)是一种装饰性的填绣针迹。针迹线沿着图形的边缘排列,并且随着边界的弯曲而弯曲,产生一种弯曲的和明暗对比的效果。周线针迹与他他米针迹十分相似,区别在于周线针迹的针迹线垂直于数字化的针步角度,是从图案的一端到另一端,并且在整个图形中周线针迹线的行数不变,所以在图形窄的地方,针步就要密一些,反之,就会稀一些。

6. 图案反复连续分割 图案反复连续分割(图10-66)也是一种装饰性针迹。当填绣一个较宽或者是较大面积的时候,如果选用了图案反复连续分割填针的方法,可以使图案具有独特的艺术效果并且呈现针迹紧密的外观。图案反复连续分割是由一种特殊分布的平针针

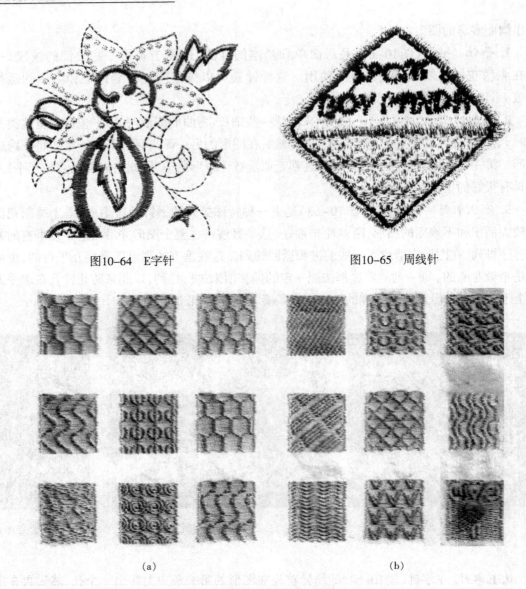

图10-64　E字针　　　　　　　　　　图10-65　周线针

(a)　　　　　　　　　　　　　　　　(b)

图10-66　图案反复分割效果

迹组成的。用这种方式产生的针迹和使用一般的返回针的他他米针有些相似,它们的区别在于图案反复连续分割针迹中的针孔排列成一系列平铺的图案,这个图案沿网格反复排列,并可调整网格实现不同的效果。

7.主题花纹填针　主题花纹填针(图10-67)也是一种装饰性的针迹。这种针迹可以使用主题花纹来填绣图形。在被填绣的图形中,主题花纹从左到右或从上到下沿着行或列重复地排列,并且可以为前进的行或列和返回的行或列选择不同的主题花纹。主题花纹填针可以直接在屏幕上设计主题花纹的布局,或者采用和图案连续反复分割的布局时同样的方法,来设计主题花纹的布局。

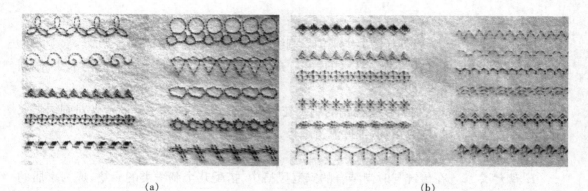

(a) (b)

图10-67　主题花纹填针效果

图10-68　金片绣

8. 金片绣　金片绣(图10-68)是指在绣花机上装有附加的金片分配器,通过分配器绣上装饰性的金片。只要在花样设计的任一点单击一次鼠标右键,花样设计上就有一个金片出现,在刺绣时就可以沿手动针迹轮廓以一定间隔放置金片。

四、家用纺织品刺绣图案设计的策划和实例

(一)行业状况及市场调查

近十年来,家用纺织品刺绣图案发展很快。以前,中国的传统手工刺绣通常应用在服饰上,装饰于家用品上比较少,多数是贵族使用的被面、枕头等,要全面应用于家用品,只能是在机器绣花开始以后,才在大面积刺绣、成本和市场之间找到平衡点。另外,由于家用纺织品的概念在中国的形成只有十几年,在家用纺织品上进行刺绣来装饰产品的历史也较短。专业的家用纺织品设计人员起步更晚,全国第一个专业的家纺设计学院2003年诞生于宁波,家用纺织品的刺绣图案设计在近几年才兴起。在对各类家用纺织品消费者的调查中,发现消费者对刺绣类家用纺织品的期望较高,接受能力也较强,但对刺绣图案的感觉都是似曾相识,缺乏变化和创新,也在一定程度上影响了消费欲望。

(二)前景

(1)由于机器绣花是依托科技发展的,随着科技进步的加速,家用纺织品刺绣将会有更大的发展。刺绣图案是刺绣类家用纺织品设计的关键,人的作用非常大,有很大的开发潜力和空间。

(2)精美的家用纺织品不一定都有绣花,但刺绣图案精致,绣花装饰得当的家用纺织品肯定是精美的。绣花图案主要就是修饰家用纺织品,使家用纺织品在实用的基础上更具审美特色。随着人们审美的不断提高,刺绣图案将会吸引更多的消费群体,在家纺设计中将表现得更为重要,在家用纺织品中的比重也会加大。

(三)措施

(1)提高艺术能力,以创新的思维来创作刺绣图案,开发家用纺织品。

(2)把握科技,紧随机器刺绣技术的进步,充分发挥技术优势,结合产品的艺术性,做到创新与实用的完美结合。

(3)多做市场调研,对市场上畅销的刺绣花型进行分析总结,并了解消费者对刺绣类家用纺织品的具体要求,迎合市场,把握流行趋势,体现时尚元素。

(四)刺绣靠垫设计的实例

1. 设计要求　在传统与时尚结合的家庭风格中,搭配几个刺绣类的靠垫,成为家居的点缀,给人清新、舒适的感受。

2. 目的

(1)针对客户要求,尝试开发新的设计产品并调研市场接受程度。

(2)拓展产品的开发思路,促进企业效益提升。

(3)有利于设计人员拓宽创作思路。

3. 设计分析

(1)刺绣图案受机器条件的影响,在尺寸和套色上有很大的限制,在针法的表现力上也要仔细考虑。采用独特构图的新颖格局,可突破中国传统构图格式和家用纺织品生产中一成不变的布局。

(2)在设计分析中重点是针对实际需求对设计的要求:设计要求中已经说明需求的是既要符合传统的风格,又要有时尚的元素,因而设计的靠垫不能太简洁、太追求时尚而变得过于抽象和现代,必须给靠垫的设计、制作等方面制订一个具体的方案。

4. 构思与方案　根据设计分析,给整个系列靠垫做完整的构思与方案策划,力求达到设计与要求相符,设计与实际相符,最大限度地表达设计,传达美感。

(1)图稿名称:对话。

(2)图稿性质:系列配套图案。

(3)构成形式:单独纹样和二方连续纹样。

(4)图案的类型:传统花卉。

(5)图案的色彩:采用红、黄、蓝三色作为主色。

(6)靠垫的构成:方形靠垫,但用中式服饰纽扣作为装饰。

(7)配套件数:3件。

(8)图稿规格:45cm×45cm、55cm×55cm。

(9)单位:厘米(cm)。

(10)刺绣方式:机绣。

(11)绘制方式:手绘加计算机处理。

5. 设计步骤

(1)手绘图的纸张规格:刺绣类家用纺织品在手绘纸上主要需确定花样的位置造型及产品的结构。根据构思要求,在这套设计中设计了两种规格的三件靠垫分别为:大靠垫(图10-

69)55cm×55cm一件、小靠垫(图10-70)45cm×45cm两件。手绘纸可以按比例缩小绘制。

（2）制版：把手绘图中的花型图案通过绣花制版软件制作成绣花机可以刺绣的专用文件。在软件中设计好图案的颜色分类，针法的刺绣效果等。在达到需要的刺绣效果的前提下，尽量减少用针数，以降低生产成本，提高市场竞争力。

（3）刺绣：把设计好的绣花制版文件，插入到绣花机的读卡器上，在绣花机的操作系统中设置好各项参数，把准备刺绣的靠垫面料通过喷胶粘在底衬上，固定好位置。在绣花机上穿好绣花线，按需要的颜色和制版的先后顺序上线。最后确认做好刺绣前的准备工作后，按下按钮让绣花机开始工作，直到完成刺绣。由于各种绣花机的操作程序，按钮设置有所不同，在具体刺绣时应按照具体的绣花机的不同要求进行操作。

（4）制作：把完成刺绣后的面料制作成靠垫的过程是成品制作的内容，具体要求应按照成品的制作规范来缝制。按设计图中的要求进行制作，包括面料的拼接造型，中式装饰扣的造型、排列位置、大小、颜色等。通过制作，做完三个靠垫。

（5）展示效果：把设计好的三个靠垫布置在一个场景中，形成一个完整的展示效果，最终完成整套设计（图10-71）。

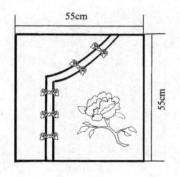

图10-69 大靠垫设计图

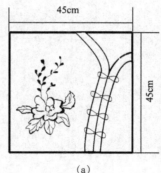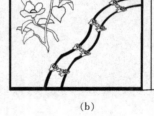

（a）　　　　　　　　　　　　（b）

图10-70 小靠垫设计图

图10-71 刺绣靠垫展示图

思考与练习

1. 中国刺绣的历史如何？比较有名的地方刺绣是哪些？分别有什么特点？

2. 中国各民族的刺绣特色是什么？举例说明。

3. 什么是抽纱？有哪些特点？著名的抽纱有哪些？具体说明。

4. 刺绣图案与家用纺织品设计的关系如何？刺绣图案在家用纺织品设计中的作用是什么？举例谈谈自己的看法。

5. 影响刺绣图案在家用纺织品设计中的因素是什么？哪个因素最重要？举例说明。

6. 手工刺绣的工艺特点是什么？有哪些针法？

7. 机绣的工具和材料有哪些？

8. 电脑绣花的特点是什么？各种针法的特点是什么？哪些针法在电脑绣花中应用最多？

9. 制作一个电脑刺绣产品的结构图。

(1)要求以抽象图案为主,体现时尚特点。

(2)以线条为元素,选5套色进行刺绣图案的设计。

第十一章 计算机辅助设计

> **本章知识点**
>
> 1. 计算机图案常识及 Illustrator 软件功能。
> 2. Illustrator 在家用纺织品设计中的运用。

第一节 计算机图案设计软件概述

计算机图像设计处理软件是辅助设计者将创造性思维落实为成品的利器，是运用高新科技大幅推动社会生产力的一次革命，是我们身处的这个数字化信息时代无法规避的生产工具。

20世纪80年代微型计算机普及以来，为满足绘图和图像处理领域从业者们日益增长的需求，致力于该领域的几个公司开始为这个世界提供图形图像设计软件产品。进入21世纪后，一些著名产品系列更形成了庞大的家族，极大地改善了设计者们的工作方式，如今更发展到与行业生态密不可分的地步。如Adobe公司的旗舰产品Photoshop、Illustrator系列，拥有难以撼动的地位和庞大的市场份额，已成默认的行业标准，其提供的功能十分强大，广泛用于印刷、广告设计、图像编辑等，深受业内人士青睐。又如Corel公司的Corel Painter、CorelDraw系列，同样凭着强大的功能和优良且广泛的行业应用支持，成为众多设计从业者工作现场的必备工具，一直是这个市场上不可忽视的竞争者。当然，这些功能强大的通用型设计软件工具包也完全能胜任家用纺织品图案设计，甚至有第三方专为这些大牌软件开发的小插件功能出色（如能方便生成连续图案的Illustrator插件Symmetywork），为图案设计工作提供了种种便利。

以上几款著名的主流图形图像设计软件出身显贵、应用广泛，但因为一些行业设计生产流程有其特殊需求，因此，一些专业性更强的图形设计软件也应运而生。与主流设计软件相比，此类软件功能显得简陋单薄，可其中每个工具、每项设置都与其服务的特殊工艺流程相匹配。以纺织印染行业举例，因为其生产原料成分、规格、生产加工机械、纺织工艺流程、印染工艺流程等都有别于其他行业，家纺图案设计软件工具也会对应其生产加工流程做更专业、更进一步的优化，以提高生产效率和质量。一些情况下，还会根据不同的企业需求为其量身定制软件工具，国内较知名的如宏华纺织印染绘图软件、金昌纺织印染绘图软件、变色龙纺织印染绘图软件等，都是家用纺织品行业中优秀的辅助设计软件。

优秀的软件工具功能强大，蕴含无限的创意空间，但却需要在设计者创作灵感的激发下才能充分体现出来。初学者应不断提高自身创意能力并拓展表达手段，保持循序渐进的心态来逐步掌握软件功能,并时时关注新工具,掌握新功能,跟上不断更迭的工作需求变化。可以说,图形图像设计者理想的状态应具备能持续挑战各种创作任务的素质,保持旺盛的创意思维,不断产出作品并以体验进步为快乐。而在此过程中获得的宝贵经验值,会随着你头脑中逐渐形成的对软件工作流程、工具特性深层次的理解慢慢聚合、闪光,升华成专属于你的工作思路和创作风格。

第二节　计算机图案常识及Illustrator软件功能介绍

一、矢量图形和位图图形的区别

Illustrator是一款基于矢量图的设计软件,而常见的计算机图形分为两大类——矢量图和位图。

矢量图[vector]也叫向量图,使用直线和曲线来描述图形,由点、线、矩形、多边形、圆和弧线等元素组成,它们都是通过数学公式计算获得的。由于矢量图形可通过公式计算获得,所以文件体积一般较小。其最大的优点是在放大、缩小或旋转等操作变化下图像质量都不会失真,尤其适用于标志设计、图案设计、文字设计、版式设计等工作;最大的缺点是难以表现色彩层次丰富的逼真图像效果。

基于矢量的绘制软件有Illustrator、CorelDraw、Freehand、Flash等, 对应的文件格式为[.ai .eps][.cdr][.fh][.fla/.swf]等。

位图[bitmap]也称作像素图,由像素或点的网格组成。与矢量图形相比,位图图像色彩过渡平滑自然,更容易模拟照片的真实效果。位图就好比在巨大的沙盘上画好的画,当你从远处看的时候,画面细腻多彩,但是当你靠得非常近得时候,你就能看到组成画面的每粒沙子以及每个沙粒单纯的不可变化颜色。单个沙粒称作像素点,是图像中最小的图像元素。一幅位图图像包括的像素可以达到百万个,因此,位图的大小和质量取决于图像中像素点的多少,通常说来,每平方英寸的面积上所含像素点越多,颜色之间的混合也越平滑,同时文件也越大。

基于位图的软件有Photoshop、Painter等,文件格式有[.psd] [.tif][.rif] [.jpg][.gif][.png][.bmp]等。

矢量图很容易转化成位图,但是位图转化为矢量图却并不简单,往往需要比较复杂的运算和手工调节才能得到相对满意的结果。

矢量图和位图在应用上是可以相互结合的, 比如在矢量文件中嵌入位图以实现特别的效果,再比如在三维影像中用矢量建模和位图贴图实现逼真的视觉效果等。

基于矢量图的软件和基于位图的软件最大的区别在于: 基于矢量图的软件原创性比较大,主要优点在于原始创作,而基于位图的处理软件,后期处理比较强,主要优点在于图片的处理。

二、Illustrator 功能介绍

Illustrator 被认为是目前最常用的图像处理软件之一。这款有着26年发展历史的长青产

品从未停止过改良的步伐,凭借强劲的图像绘制、图像处理功能使其适用范围极其广泛,深受业界好评。

（1）基于矢量制图的特性,Illustrator可以提供无与伦比的精度和控制,可以任意调节图像的尺寸而不会影响画质。提供对灰度、RGB、CMYK、专色印刷Pantone等色彩模式的支持并允许在各模式之间转换,支持输出高质量的、多种格式的成稿,满足各类设计工作的需求。

（2）Illustrator提供丰富的图形构建工具和强力的图形调节工具,令图形创建过程便利而高效。对象式的操作简捷精准,可以方便地组合或拆分图形。悬浮式的工具面板方便用户自定义调用。

（3）Illustrator提供实时颜色工具来探索、应用和控制颜色变化,这样便可以选择任意图稿并以交互方式编辑颜色且能即时查看结果。使用颜色参考面板来快速选择淡色、暗色或和谐的颜色组合。

（4）Illustrator的绘制工具如贝塞尔曲线、各类形状工具、艺术笔刷、铅笔、直线等方便设计者快速实现绘制各种图形；填充和描边的调节选项及预置的丰富样式可以快速切换到合适的风格；路径查找器能混合多个对象的形状实现复杂图形；线宽调整工具让电脑生成的线条也能具有手绘的质感；渐变工具及更强大的网格填充工具可以实现接近现实色彩的渐变效果；兼容Adobe旗下软件如Photoshop、AfterEffects等软件的外挂滤镜极大丰富了图形处理的表现力。

（5）Illustrator的图层能方便地进行编辑、复制、移动、删除、链接和合并,可根据需要安排图层的排列或显示与否；画板功能更能在一个AI文件中储存100个子版面并按需求选择输出。

（6）Illustrator支持多种图像格式,除AI、EPS、EMF、DWG等矢量格式外,对PSD、TIF、JPEG、BMP、PCX、TGA、GIF、PNG等位图格式,对RTF、DOC、DOCX、PDF等电子文本也能很好的兼容,方便各方面素材的汇集和使用。

第三节　Illustrator家用纺织品图案设计案例分析

Illustrator作为表现设计者想象空间的工具,只有通过设计者对传统图案较为深刻的理解和对图案原理有着较为踏实的掌握,同时根据时尚流行与时俱进地灵活应用,才能将其强大的功能充分表现在图像的创作之中。下面将手绘草图与电脑软件充分结合进行介绍与演示,以期作品在自然、丰满、个性的前提下更显其艺术特色。

下面我们将围绕常用的Adobe Illustrator CS5软件进行家用纺织品图案设计实例讲述。

传统工艺中,家用纺织品手绘图案是依靠纸张、笔、颜料等工具材料来完成的一种基本创作方式,但在电脑辅助软件极大丰富的今天,完全可以摆脱成摞的稿纸、成堆的颜色罐,甚至都不再需要笨重的拷贝灯箱和大型工作台,一切都有可能运用数字化解决方案,用下面的例子来做简要说明,随时随地进行创作的过程。

（1）在餐厅里上菜前的等待中,灵感突然来敲门,立马在便签纸上绘制草稿（图11-1）。

图11-1　绘制在便签纸上的草图

（2）不必太注意草图的细致程度，使用evernote拍照存档后，静心享用晚餐（图11-2）。

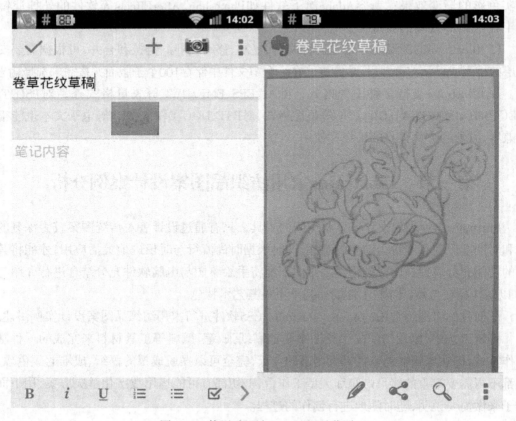

图11-2　使用手机端evernote记录草图

（3）回到电脑桌前，打开浏览器登录印象笔记或evernote客户端取回笔记内容（图11-3）。

图11-3　登录evernote取回笔记草图

Evernote，中文名"印象笔记"，是一款强大的网络云笔记工具，除文字记录外还支持拍照、录音、手写等多种方式记录用户的各种想法，功能强大的网页剪辑器适用于各大主流浏览器，不论对Windows、IOS还是Android系统，都提供了良好的支持。

（4）打开Illustrator，新建名为"卷草图案"的文档，并设置宽200mm、高200mm。导入草图文档，锁住草稿层，新建图层准备开始绘图（图11-4）。

（5）使用AI工具栏的贝塞尔曲线工具（也称钢笔工具）开始描摹图稿，这个阶段开始一步步调整完善细节（图11-5）。

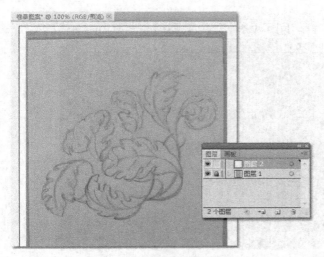

图11-4　置入草图并新建图层　　　　图11-5　在工具栏找到贝塞尔曲线工具

①点击贝塞尔工具右下的小三角展开工具箱，点击工具箱右侧的边栏可以分离工具箱成悬浮状态，可根据情况灵活调用锚点增加、删除、转换工具(图11-6)。

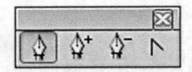

图11-6 将贝塞尔曲线工具箱分离成悬浮状态

②对锚点的操作还常常会使用到位于工具面板右上角的"直接选择工具"，按钮为空心箭头状，而其对应的快捷键为A(图11-7)。

图11-7 使用贝塞尔工具绘制叶片框架

③选中锚点转为平滑(图11-8)。

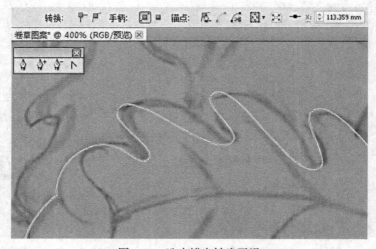

图11-8 选中锚点转为平滑

④进一步完成描摹(图11-9)。

图11-9　进一步完成描摹

⑤调整线条样式丰富形状变化(图11-10)。

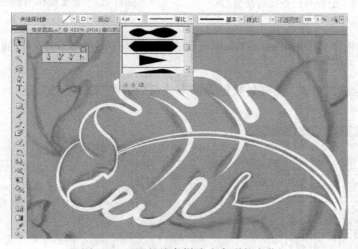

图11-10　调整线条样式丰富形状变化

(6)选择颜色填充,并在对象/路径/下选择轮廓化描边,即把轮廓线条转换为填充状态(图11-11)。

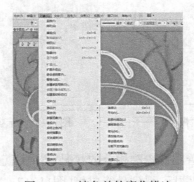

图11-11　填色并轮廓化描边

（7）使用路径查找器的减去功能，用白色轮廓修剪褐色区域形状，得到需要的镂空状态（图11-12）。

（8）重复图11-4~图11-12所示的步骤直到完成全部草图的构想（图11-13）。

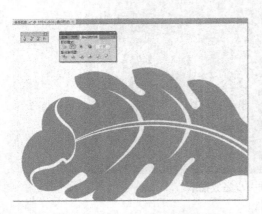 

图11-12　配合路径查找器修整形状　　　　　图11-13　重复操作得到图案单元成稿

（9）窗口面板下找到SymmetryWorks工具并打开面板（SymmetryWorks插件见本书附赠光盘）（图11-14）。

（10）选择合适的样式，调整参数使图案形成组合阵列（图11-15）。

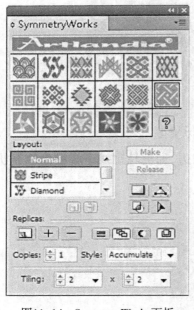 

图11-14　SymmetryWorks面板　　　　　　　图11-15　选择样式并生成图案组合

（11）通过调整控制点改善图案轮廓相叠的状况，得到满意的结果（图11-16）。

（12）填充底色，套上剪切蒙版，得到最终成稿（图11-17 ）。

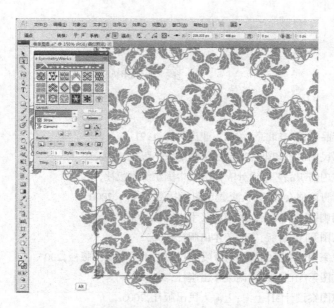

图11-16　拖曳平行四边形的锚点改变图案单元距离

（13）按需求大小输出合适的打印稿。

图11-17　成稿

思考与练习

1.使用Illustrator软件制作一幅幅面为64cm×64cm的现代风格的印花图案。

A.花卉为主体，背景为时尚纹样，色彩协调而丰富。

B.圆网印花形式，CMYK颜色模式，8套色。

C.版式为1/2跳接。

参考文献

[1] 沈干.丝绸产品设计[M].北京:纺织工业出版社,1991.

[2] 黄钦康.中国民间织绣印染[M].北京:中国纺织出版社,1998.

[3] 崔唯.现代室内纺织品艺术设计[M].北京:中国纺织出版社,1999.

[4] 杨青青.杨青青教你女红[M].长沙:湖南科学技术出版社,2000.

[5] 王连海.民间刺绣图案[M].长沙:湖南美术出版社,2001.

[6] 史启新.装饰图案[M].合肥:安徽美术出版社,2003.

[7] 龚建培.现代家用纺织品的设计与开发[M].北京:中纺音像出版社,2004.

[8] 张夫也.基础图案[M].长沙:中南大学出版社,2004.

[9] 黄国松.染织图案设计[M].上海:上海人民出版社,2005.

[10] 段建华.民间染织[M].北京:中国轻工业出版社,2005.

[11] 陈立.刺绣艺术设计教程[M].北京:清华大学出版社,2005.

[12] 张道一.织绣[M].上海:上海人民美术出版社,1997.

[13] 柒万里.图案设计[M].南宁:广西美术出版社,2005.

[14] 潘文治.印花设计[M].武汉:湖北美术出版社,2006.